普通高等教育大数据管理与应用专业系列教材

大数据时代的数据仓库理论与实践

霍灵瑜　袁瑞萍　陈亚红　编

机械工业出版社

随着计算机技术的发展，数据处理和分析技术也在不断进步。随着社会变化的速度加快，对数据的实时性和即时性要求也在提高。

本书围绕数据仓库的建设和应用展开，内容涵盖了数据仓库的基本概念、操作数据层、数据集市、指标设计及展现、设计数据仓库、数据仓库与大数据技术、数据仓库与数据中台、数据治理等。

本书适用于大数据专业的相关读者，无论是对于刚刚接触数据仓库的初学者，还是对于已经在数据仓库领域有一定经验的专业人士，本书都将提供有价值的参考和指导，帮助读者更好地理解和应用数据仓库技术，从而为企业的发展和决策提供更加可靠的支持。

图书在版编目（CIP）数据

大数据时代的数据仓库理论与实践 / 霍灵瑜，袁瑞萍，陈亚红编 . -- 北京：机械工业出版社，2025.8.（普通高等教育大数据管理与应用专业系列教材）. ISBN 978-7-111-78965-9

Ⅰ. TP311.13

中国国家版本馆 CIP 数据核字第 20258HV817 号

机械工业出版社（北京市百万庄大街 22 号　邮政编码 100037）
策划编辑：王玉鑫　　　　　　责任编辑：王玉鑫
责任校对：梁　园　薄萌钰　　封面设计：王　旭
责任印制：单爱军
天津嘉恒印务有限公司印刷
2025 年 9 月第 1 版第 1 次印刷
184mm×260mm・9 印张・181 千字
标准书号：ISBN 978-7-111-78965-9
定价：39.00 元

电话服务　　　　　　　　　　网络服务
客服电话：010-88361066　　　机　工　官　网：www.cmpbook.com
　　　　　010-88379833　　　机　工　官　博：weibo.com/cmp1952
　　　　　010-68326294　　　金　书　网：www.golden-book.com
封底无防伪标均为盗版　　　　机工教育服务网：www.cmpedu.com

前 言

每项技术的出现都不是偶然的，数据仓库技术也同样如此。随着企业大量使用计算机，操作系统产生了大量的数据。数据仓库是集成、存储和分析大量数据的系统，它可以帮助组织更好地理解和应对社会变化。通过数据仓库，人们可以收集和分析各种数据，包括经济、环境、人口和健康等方面的数据，从而更好地了解社会趋势、问题和需求。基于这些数据，决策者可以制定更有效的政策和方案，从而推动社会的进步和发展。因此，数据仓库在促进社会进步方面发挥着重要作用。

随着社会进步，数据的来源和种类变得更加多样化。数据仓库需要不断适应和整合不同渠道和来源的数据，包括传感器、社交媒体和移动应用等，以便全面地反映社会的动态变化。随着技术的发展，数据处理和分析技术也在不断进步，如人工智能、机器学习、大数据分析等。随着社会变化速度的加快，对数据的实时性和即时性要求也在提高。数据仓库需要能够快速地处理和分析数据，及时提供决策支持和信息反馈。随着数据的增加和大量使用，隐私和安全性问题也变得更加突出。数据仓库需要不断加强数据的保护和安全措施，确保数据的合法使用和隐私保护。

随着企业规模的不断扩大和业务范围的日益复杂化，企业内部涉及的数据量也呈现出爆炸式增长的趋势。如何高效地管理、分析和利用这些海量数据成为企业发展中的重要挑战。数据仓库作为一种专门用于集成、存储和管理企业数据的技术解决方案，为企业提供了解决这一挑战的有效手段。通过将来自不同业务系统的数据整合到一个统一的数据仓库中，并通过各种数据分析工具进行分析和挖掘，企业可以更好地理解自身的业务状况，发现潜在的商机和问题，并支持决策者做出更为明智的决策。

本书各章节阐述和讨论数据仓库的以下几个方面：

第 1 章数据仓库的基本概念。介绍数据仓库中各种类型的数据以及大数据的相关概念。然后从数据仓库的演变和体系结构这两方面详细介绍数据仓库的基本问题。

第 2 章操作数据层。首先介绍 ODS 的定义以及数据仓库的关系等，然后介绍 ODS 的两个集成，最后介绍实际运用 ODS 的实时数据仓库。

第 3 章数据集市。从数据集市的概念展开，详细介绍数据集市的各种类型，并重点介绍有关数据集市设计的方法和技术。

第 4 章指标设计及展现。主要关注数据指标的设计和展现，提供全面的数据指标设计和展现内容，从指标体系的搭建到最终用户的商业智能需求，再到探索性数据仓库和可视化技术的应用。

第 5 章设计数据仓库。重点介绍如何设计数据仓库，首先是对数据仓库主题的确定，然后进行操作型数据的设计以及数据仓库的粒度与分区设计，最后介绍数据仓库的数据模型设计以及数据仓库层的设计。此外还介绍设计数据仓库中所用到的数据管理技术。

第 6 章数据仓库与大数据技术。介绍数据仓库、流式计算、Hadoop 和 NoSQL 技术 4 个主题。每个主题深入讨论各自的概念、应用场景和关键技术。

第 7 章数据仓库与数据中台。从数据中台的概念展开，详细介绍数据中台与数据仓库的联动关系，并重点讲述数据中台的架构与设计方法。

第 8 章数据治理。主要介绍数据治理的基本内容、DGI 数据治理框架与 DAMA 数据管理框架两种主流数据治理框架、数据治理工具，以及国内外数据治理标准，最后展望数据治理的未来，包括智能数据分析、区块链技术应用以及数据治理与云计算结合应用。

总的来说，随着社会进步，数据仓库需要不断适应和应对社会变化带来的新挑战和产生的需求，以更好地发挥其作用。

编　者

目 录

前言

第 1 章 数据仓库的基本概念 ·· 1

学习目标 ·· 1

1.1 数据相关概念 ·· 1

    1.1.1 数据与信息 ··· 1

    1.1.2 数据的结构化与非结构化 ··· 2

    1.1.3 文本数据 ·· 4

    1.1.4 日志数据 ·· 4

    1.1.5 大数据 ··· 5

    1.1.6 小数据 ··· 6

    1.1.7 活数据 ··· 6

1.2 决策支持系统的演化 ·· 7

    1.2.1 决策支持系统的基本内容 ··· 7

    1.2.2 数据仓库环境 ·· 9

1.3 数据仓库的体系结构简介 ··· 12

1.4 小结 ·· 14

第 2 章 操作数据层 ·· 15

学习目标 ·· 15

2.1 ODS ·· 15

    2.1.1 ODS 的定义及分类 ··· 16

    2.1.2 ODS 数据的基本特征 ·· 16

    2.1.3 ODS 与数据仓库 ·· 16

2.1.4　ODS 设计 ··· 17
2.2　ODS 与 Web 集成 ··· 18
　　2.2.1　Web 数据 ·· 19
　　2.2.2　粒度管理器 ·· 19
　　2.2.3　基于 ODS 的 Web 集成 ··· 20
　　2.2.4　ODS 与 Web 日志数据集成 ·· 21
2.3　实时数据仓库 ··· 22
2.4　小结 ··· 23

第 3 章　数据集市 ·· 25

学习目标 ·· 25
3.1　数据集市概述 ··· 25
　　3.1.1　数据集市的分类 ·· 26
　　3.1.2　数据结构 ·· 28
　　3.1.3　数据集市与数据仓库的联系与区别 ·· 30
3.2　维度建模 ··· 31
　　3.2.1　事实表与维表 ·· 31
　　3.2.2　规划和设计标准 ·· 35
　　3.2.3　关系模型和多维模型 ·· 38
　　3.2.4　维表 ·· 42
　　3.2.5　事实表 ·· 45
　　3.2.6　维度建模设计过程 ·· 48
　　3.2.7　维度建模的原则与常见疏忽 ·· 50
3.3　小结 ··· 50

第 4 章　指标设计及展现 ·· 52

学习目标 ·· 52
4.1　指标体系的概念及分类 ··· 52
4.2　搭建指标体系的方法 ··· 53
4.3　指标体系元数据管理 ··· 56

目 录

- 4.4 最终用户的需求 ·· 59
- 4.5 商业智能 ··· 60
- 4.6 探索性数据仓库 ·· 61
- 4.7 可视化技术 ··· 62
- 4.8 小结 ·· 64

第 5 章 设计数据仓库 ··· 65

- 学习目标 ·· 65
- 5.1 数据仓库的主题 ·· 65
  - 5.1.1 主题 ·· 65
  - 5.1.2 主题的使用 ·· 66
  - 5.1.3 主题域 ·· 66
  - 5.1.4 确定主题的内容 ·· 67
- 5.2 操作型数据的设计 ·· 67
- 5.3 数据仓库的粒度与分区设计 ·· 68
  - 5.3.1 粒度的设计 ·· 68
  - 5.3.2 分区的设计 ·· 71
- 5.4 数据仓库的数据模型设计 ··· 73
- 5.5 数据仓库层的设计 ·· 74
- 5.6 数据管理技术 ··· 75
- 5.7 小结 ··· 79

第 6 章 数据仓库与大数据技术 ·· 80

- 学习目标 ·· 80
- 6.1 数据仓库的体系结构 ··· 80
  - 6.1.1 传统数据仓库 ··· 80
  - 6.1.2 分布式数据仓库 ·· 83
- 6.2 流式计算 ·· 94
  - 6.2.1 流式计算与批量计算 ·· 95
  - 6.2.2 流式计算框架与平台 ·· 95

6.2.3 流式计算主要应用场景 · 96

6.2.4 流式计算的价值 · 96

6.3 Hadoop · 97

6.4 NoSQL 技术 · 98

6.4.1 CAP 理论 · 100

6.4.2 BASE 原则 · 100

6.4.3 常见的 NoSQL 数据库 · 100

6.5 小结 · 103

第 7 章 数据仓库与数据中台 · 105

学习目标 · 105

7.1 数据中台的基本概念 · 105

7.1.1 数据中台的特征 · 106

7.1.2 数据中台与数据仓库 · 107

7.2 数据中台建设及架构 · 108

7.2.1 持续让数据用起来的价值框架 · 108

7.2.2 数据中台建设方法论 · 109

7.2.3 数据中台架构 · 114

7.2.4 数据中台的价值 · 115

7.3 微服务架构 · 116

7.4 小结 · 117

第 8 章 数据治理 · 119

学习目标 · 119

8.1 数据治理的背景 · 119

8.2 数据治理的概念与目标 · 120

8.3 数据治理的框架 · 120

8.3.1 DGI 数据治理框架 · 121

8.3.2 DAMA 数据管理框架 · 123

8.4 数据治理的标准 · 125

目　录

  8.4.1　国际标准 ……………………………………………………………………… 126

  8.4.2　国内标准 ……………………………………………………………………… 126

 8.5　数据治理的工具 ………………………………………………………………………… 129

 8.6　数据治理的未来展望 …………………………………………………………………… 130

 8.7　小结 ……………………………………………………………………………………… 133

参考文献 ……………………………………………………………………………………………… 134

第 1 章　数据仓库的基本概念

学习目标

通过本章学习，你将能回答以下问题：
- 什么是数据？有哪些种类的数据？结构化数据与非结构化数据有什么区别？
- 什么是决策支持系统？什么是数据仓库？
- 数据仓库的体系结构是什么？

在大数据时代，数据仓库被企业广泛使用。数据仓库为大量数据的存储提供了场所，为数据分析提供了基础，为企业决策提供了支持。数据仓库输入的是各种各样的数据源，其输出用于企业的数据分析、数据挖掘、数据报表等。本章从数据与信息的概念展开，介绍数据仓库中各种类型的数据源，之后重点介绍数据仓库的演变和数据仓库的体系结构。

1.1　数据相关概念

数据仓库中存在着大量的数据。数据是各种符号，如字符、数字、声音、图片动画和视频多媒体等，数据也是原始事实，只有保证其原始性和真实性，通过后期加工才有意义。信息是为了某种需求而对原始数据加工重组后形成的有意义、有用途的数据。本节将介绍数据仓库中各种类型的数据及其特点。

1.1.1　数据与信息

数据是对客观事件进行记录和描述的符号，是对客观事物的性质、状态以及相互关系进行记载的物理符号或这些物理符号的组合，可以理解成未经加工的原始材料，表示客观的事物。数据是可识别的、抽象的符号。数据不仅指狭义上的数字，还指具有一定意义的文字、字母、数字符号的组合，以及图形、图像、视频、音频等。数据是客观事物的属性、数量、位置及它们之间相互关系的抽象表示。

如"4，5，6"、"东，南，西，北"、"商品的名称"等都是数据。数据经过加工后就成为信息。

在计算机科学领域，数据是指所有能输入到计算机中并由计算机程序处理的符号和介质的总称，是具有特定意义的数字、字母、符号和模拟量等的统称，用于电子计算机的输入和处理。计算机能够存储和处理的对象十分广泛，而这些对象所代表的数据也相应地变得越来越复杂。随着大数据时代的到来和科技的发展，以及信息基础设施的完善，人们能够搜集到大量的、多维度的数据，然后通过运用数据分析、机器学习等算法从数据中得到信息。

信息是有一定含义的、经过加工处理的、对决策有价值的数据。信息与数据既有联系，又有区别。数据是信息的表现形式和载体，可以是符号、文字、数字、语音、图像、视频等。而信息是数据的内涵，信息是加载于数据之上，对数据做具体的解释。数据和信息是不可分离的，信息依赖数据进行表达，数据则生动具体地表达出信息。数据是符号，是物理性的，信息是对数据进行加工处理后所得到的并对决策产生影响的数据，是逻辑性和观念性的。数据是信息的表现形式，信息是数据有意义的表示。数据是信息的表达载体，信息是数据的内涵，是形与质的关系。数据本身没有意义，数据只有对实体行为产生影响时才成为信息。

1.1.2 数据的结构化与非结构化

数据仓库中的数据都有类别之分。在数据分析的过程中，会接触到很多数据，这些数据根据结构分类可划分为3种：结构化数据、非结构化数据和半结构化数据。

结构化数据一般是指可以使用关系型数据库表示和存储，可以用二维表来逻辑表达的数据。非结构化数据是数据结构不规则或不完整，没有预定义的数据模型，不方便用数据库二维逻辑表来表现的数据。非结构化数据包括所有格式的办公文档、文本、图片、HTML、各类报表、音频和视频信息等。

非结构化数据与结构化数据之间不存在真正的冲突。用户选择数据结构时，并不是基于数据本身的结构，而是基于他们使用的应用程序。关系型数据库用于结构化数据，大多数其他类型的应用程序用于非结构化数据。

（1）结构化数据

结构化数据以行为单位，一行数据表示一个实体的信息，每一行数据具有相同的属性。结构化数据的存储和排列十分有规律，这有助于查询和修改等操作。但是结构化数据的扩展性较差，如在需要的时候加个字段，这涉及对表结构的反复变更，在实际运用中这容易导致后台接口在从数据库取数据时出错。

结构化数据通常驻留在关系型数据库（RDBMS）中。使用结构化数据的关系型数据库应用程序包括航空预订系统、库存控制、销售事务和自动柜员机（ATM）活动等。结构化查询语言（SQL）用于在关系型数据库中查询这种类型的结构化数据。一些关系型数据库也会存储或指向非结构化数据，如客户关系管理（CRM）应用程序。由于备忘录字段不会将自己放到传统的数据库查询中，因此其集成可能不理想。但是大部分客户关系管理数据都是结构化的。

（2）非结构化数据

非结构化数据本质上是结构化数据之外的一切数据。非结构化数据具有内部结构，但不是通过数据模型预定义的。非结构化数据可能是文本的或非文本的，可能是人为的或机器生成的，可以存储在像 NoSQL 这样的非关系型数据库中。

典型的人为非结构化数据有：文本文件中常见的文字处理、电子表格、演示文稿、电子邮件和日志；典型的机器生成的非结构化数据有卫星图像中的天气数据、地形信息和军事活动记录；科学数据中的石油和天然气勘探信息、空间勘探信息、地震图像和大气数据；数字监控中的监控照片和视频；来自交通、天气和海洋传感器的数据。包容性强的大数据分析可以同时处理结构化数据和非结构化数据。

（3）结构化数据与非结构化数据的区别

结构化数据与非结构化数据的存储位置有明显区别，结构化数据存储在关系型数据库，非结构化数据存储在非关系型数据库。

结构化数据与非结构化数据的来源不同。结构化数据来自 GPS 传感器、在线表单、网络日志、Web 服务器日志、OLTP 系统等。非结构化数据源包括电子邮件、文字处理文档、PDF 文件等。

结构化数据与非结构化数据的形式不同。结构化数据由数字和值组成。非结构化数据由传感器数据、文本文件、音频和视频文件等组成。

结构化数据与非结构化数据的模型不同。结构化数据具有预定义的数据模型，并且在放入数据存储（如写入时模式）之前被格式化为设定的数据结构。非结构化数据则以其本机格式存储，并且在使用之前不会进行处理（如读取时模式）。

（4）半结构化数据如何适用于结构化与非结构化数据

半结构化数据维护用于识别单独数据元素内部的标记和标签，从而实现信息分组和层次结构的划分。文档和数据库都可以是半结构化的。

电子邮件是半结构化数据的一个典型例子。而更高级的分析工具对于线程跟踪，近似/重复数据删除和概念搜索是必需的。电子邮件的本地元数据可以实现分类和关键字搜索，无需任何其他工具。

电子邮件是一个巨大的用例，但大多数半结构化数据的开发工作都集中在缓解数据传输问题上。与基于 Web 的数据共享和传输一样，共享传感器数据也是一个不断增长的用例，包括电子数据交换（EDI）、社交媒体平台、文档标记语言和 NoSQL 数据库等。

1.1.3 文本数据

文本数据指的是 TXT 等文本型的数据，如数值型数据 25 与数字文本型数据 25 的区别是：前者可进行算术运算，后者只表示字符"25"。文本数据是一种非结构化数据，可以是非结构性、自由形态的文字，也可以是许多符合特定计算机语言的语法及语法规则、构成文字和语句的字符串。

文本是最大的也是最常见的大数据源之一，如电子邮件、短信、微博、社交媒体网站的帖子、即时通信、实时会议以及可以转换成文本的录音信息等。文本数据是现在结构化程度最低的，也是最大的大数据源。文本分析一般从解析文本开始，然后将各种单词、短语以及包含文本的部分赋予语义。可以通过简单的词频统计，或更复杂的操作来进行文本分析。文本挖掘工具是主流分析套件中的一个重要组成部分，还有许多独立的文本挖掘工具包。一些文本分析工具使用基于规则的方法，用户需要调整软件才能找到自己感兴趣的模式；另一些工具则使用机器学习和其他算法自动发现数据的模式。完成文本解析和分类以后，就可以分析这些过程所产生的结果了。文本挖掘过程的输出结果通常是其他分析流程的输入。例如，如果能够分析出客户使用电子邮件的情感，就能利用一个变量将客户的情感标记为正面情感或负面情感。这种标记本身是一种结构化的数据，可以作为分析流程的输入。使用非结构化的文本创建结构化的数据，这个过程通常称为信息提取。假定能够在客户与公司往来的邮件中识别出他们对公司某些产品的评价，就可以利用一系列变量来标识客户的产品评价。这些变量本身也是结构化的度量指标，可以用来做分析。上述例子解释了如何捕获非结构化数据片段，并从中提取相关的结构化数据。

文本数据可能会对所有的行业产生影响。文本是一种重要的大数据源，对企业来讲，掌握如何收集、解析和分析文本是很重要的。

1.1.4 日志数据

日志数据是 IT 系统产生的过程性事件的记录数据。每一条日志数据都包含 4W（Who、When、Where、What）内容。通过查看日志数据，可以了解到具体哪个用户、在什么时间、在哪台设备上或者什么应用系统中、做了什么具体的操作。

日志数据的来源主要有服务器、存储设备、网络设备、安全设备、操作系统、中间件、数据库及业务系统等。日志数据可以分为 IT 硬件设备状态日志和应用系统日志两大类。硬件设备状态日志包括服务器的 CPU 或内存使用状态，存储设备温度或磁盘容量等健康度的状态，网络设备流量或行为分析的状态等。应用系统日志包括 Windows、Linux、

UNIX 操作系统的日志数据，Oracle、DB2、SQL Server、MySQL 等数据库的日志数据，Apache、WebLogic、Tomcat 等中间件的日志数据，还有银行网银、财务等业务系统的日志数据。

如果按照日志格式分类，可以分为以下 4 种类型：

1）文本类日志数据。

2）系统类日志数据。

3）SNMP 类日志数据。SNMP 是简单网络管理协议，主要是解决网络设备与网管软件之间通信的协议。

4）数据库类日志数据。

日志数据随时都在产生，不但数据量大，而且一般都分散在各个存储设备中，所以 IT 运维人员如果想要通过手工方式，找到日志数据之间的关联性就比较困难。日志数据是所有 IT 系统操作的过程类数据，对于 IT 系统运维人员来讲，如果能够通过日志管理平台把日志数据集中存储管理，就可以解决故障定位排查的问题。例如，Web 访问日志记录了 Web 服务器接收处理请求及运行时错误等各种原始信息。通过对 Web 日志进行安全分析，可以定位攻击者，还可以还原攻击路径，找到网站存在的安全漏洞并进行修复。

1.1.5 大数据

大数据可以被视为一个数据仓库，但是它与传统数据仓库的不同之处在于，大数据能够存储和处理更加多样化、海量的数据。大数据是指无法在一定时间范围内用常规软件工具进行捕捉、管理和处理的数据集合，是需要新处理模式才能具有更强的决策力、洞察力和流程优化能力的海量、高增长率和多样化的信息资产。

（1）大数据的特点

大数据的 5V 特点（IBM 提出）：Volume（大量）、Velocity（高速）、Variety（多样）、Value（低价值密度）、Veracity（真实性）。

1）大量（Volume）。大数据的大量性是指数据量大。

2）高速（Velocity）。大数据的高速性是指数据增长快速，处理快速。各行各业的数据都在呈指数性增长。在许多场景下，数据都具有时效性，如搜索引擎要在几秒内呈现出用户所需数据。企业或系统在面对快速增长的海量数据时，必须要高速处理，快速响应。

3）多样（Variety）。大数据的多样性是指数据的种类和来源是多样化的。数据可以是结构化的、半结构化的以及非结构化的，数据的呈现形式包括但不限于文本、图像、视频和 HTML 页面等。

4）低价值密度（Value）。大数据的低价值密度性是指在海量的数据源中，有价值的数据很少，许多数据可能是错误的、不完整的，或无法利用的。有价值的数据占数据总量的密度极低。

5）真实性（Veracity）。大数据的真实性是指数据的准确度和可信赖度，代表数据的质量。

由于大数据大量和低价值密度的特点，大数据技术的意义不在于掌握庞大的数据信息，而在于对这些有含义的数据进行专业化处理。

（2）大数据的价值

可以利用大数据进行精准营销，以针对大量消费者提高产品或者服务质量。中小微企业可以利用大数据进行服务转型。面临互联网压力之下必须转型的传统企业需要充分利用大数据的价值，通过数据分析的结果来驱动运营方式，最终能帮助运营者乃至企业决策者凭借数据和逻辑分析能力指导业务实践。

1.1.6 小数据

大数据通过将用户的行为转化成无数个可以量化的数据节点，为企业提供了一个模糊的数据画像。大数据关注的是总体和大致的规律，小数据关注的则是个体和细腻的事实。

小数据来源于各类社会行为的细节，更贴近用户的个体感受，对需求的呈现也更精准。小数据并不是指数据量小。小数据应该是描述并管理大数据数据属性的数据。具体包括3种类型：关于大数据数据属性的数据；描述大数据中所包含主体、客体基本特征的管理数据；描述大数据中行为、过程的数据。

小数据是通过各种方式，如智能家电、手机、电脑和智能穿戴设备等，收集用户的一举一动。

小数据通过不同的方式收集用户的各种信息，通过数据整合、数据可视化的方式让用户能够更了解自己。小数据记录了用户每天的生活轨迹，如智能手环、智能手表，可以收集身体信息，告诉用户每天走了多少步，运动时的心率以及睡眠质量。这些都是用户的个性化的信息资产，在记录用户生活的同时，也为企业提供了细致的数据画像，让企业更加重视用户的个性化差异，从而为用户提供更精准、更具个性的服务。

1.1.7 活数据

大数据的价值是将数据用于形成主动收集数据的良性循环中，以带动更多的数据进入这个自循环，并应用于各个行业。然而，活的数据才是大数据。要做活数据收集，跳出既定思维的框架，从相关联的行业和业务中去收集能够为现在所用的数据，找到能够更好地佐证企业现有业务决策和发展的数据。

（1）活数据概念

数据是活的，数据是在线的、可以随时被使用的。数据必须是被活用的，数据在不断地被消化、处理产生增值服务，同时又产生更多的数据，形成数据回流。数据的价值不在于量的多少，而在于在线业务流程中真实数据的沉淀和实时处理、反馈。这样的数据才是活数据，才是有价值的数据。

（2）活数据特点

1）活数据是全本记录而不是样本抽查。互联网的第一步是连接、是在线，业务在线了，就会得到巨大的好处。用户的行为在互联网上都能留下清晰的印迹，而这些行为直接记录下来，就是对这个客户全面的了解。

2）先有数据后有洞察。以前的调查方法都是先要制定一个问题，然后根据这个问题去收集相关的数据。只要发现遗漏了什么，或者想问什么新的问题，几乎就必须一切重来，再去收集相关的数据和信息。

但是在活数据的时代，整个做法是颠倒过来的。由于数据存储和计算的成本足够低，可以把所有相关数据都记录下来，然后在业务的发展过程中去看哪些数据的使用能够带来商业洞察，帮助企业重新去决策商业。先有数据记录，然后才有分析和洞察，最大的好处是避免了事后希望了解某些问题，然后再重新设计问卷、收集数据。

1.2 决策支持系统的演化

决策支持系统在 20 世纪 70 年代被首次提出，并于 80 年代得到发展。决策支持系统由数据、模型、推理和人机交互四大模块构成。本节将分别介绍决策支持系统的数据库系统的各个组成部分以及数据仓库环境，从而了解数据仓库的定义、特征及组成。

1.2.1 决策支持系统的基本内容

决策支持系统的数据库系统，包括数据库、数据库管理系统、硬件设施和人员。

（1）决策支持系统

决策支持系统（DSS）是辅助决策者通过数据、模型和知识，以人机交互方式进行半结构化或非结构化决策的计算机应用系统。半结构化和非结构化决策，可以与西蒙在决策理论中将决策分为程序化决策和非程序化决策相对应。程序化决策是那些带有常规性、反复性的例行决策，可以制定出一套例行程序来处理的决策。非程序化决策是指对那些过去尚未发生，不能用现有程序表达的问题做出的决策。

决策支持系统的决策类型包括结构化决策、非结构化决策和半结构化决策。

1）结构化决策是指对某一决策过程的环境及规则，能用确定的模型或语言描述，以适当的算法产生决策方案，并能从多种方案中选择最优解的决策。

2）非结构化决策是指决策过程复杂，不可能用确定的模型和语言来描述其决策过程，更无所谓最优解的决策。

3）半结构化决策是介于以上二者之间的决策，这类决策可以建立适当的算法产生决策方案，得到较优的解。

一般情况下结构化决策是很少发生的，决策者面临的大多是半结构化决策和非结构化决策。决策支持系统强调的是对管理决策的支持，而不是决策的自动化，最后做出决定的仍然是人。

（2）数据库

数据库是按照数据结构来组织、存储和管理数据的仓库；是一个长期存储在计算机内的、有组织的、有共享的、统一管理的数据集合。数据库中的数据指的是以一定的数据模型组织、描述和储存在一起，具有尽可能小的冗余度、较高的数据独立性和易扩展性的特点，并可以在一定范围内为多个用户共享。数据库是一个按数据结构来存储和管理数据的计算机软件系统。

数据库的概念实际包括两层意思，分别是：

1）数据库是一个实体，是能够合理保管数据的仓库，用户在该仓库中存放要管理的事务数据，"数据"和"库"两个概念结合成为数据库。

2）数据库是数据管理的新方法和技术，能更合适地组织数据、更方便地维护数据、更严密地控制数据和更有效地利用数据。

数据仓库与数据库的区别见表1-1。

表1-1 数据仓库与数据库的区别

功能	数据仓库	数据库
数据范围	储存历史的、完整的、反映历史变化的数据	当前状态的数据
数据变化	可添加、无删除、无变更、反映历史变化	支持频繁的增、删、改、查操作
应用场景	面向分析、支持战略决策	面向业务交易流程
设计理论	违范式、适当冗余	遵照范式、避免冗余
处理量	非频繁、大批量、高吞吐、有延迟	频繁、小批次、高并发、低延迟

（3）数据库管理系统

数据库管理系统（DBMS）是一种操纵和管理数据库的大型软件，用于建立、使用和维护数据库。数据库管理系统对数据库进行统一的管理和控制，以保证数据库的安全性和完整性。

数据库管理系统是一个能够提供数据录入、修改和查询的数据操作软件，具有数据定义、数据操作、数据存储与管理、数据维护和通信等功能，且允许多用户使用。数据库管理系统的发展与计算机技术发展密切相关。为了进一步完善计算机数据库管理系统，技术人员不断创新、改革计算机技术，并不断拓宽计算机数据库管理系统的应用范围，从而真正促进计算机数据库管理系统技术的革新。

数据库管理系统主要包括：进行数据定义语言以及翻译的相关程序，在这个部分的帮助下，可以让数据库的用户自行进行选择，并且也能得到翻译，由此形成一个内部形式；进行数据运行控制的程序，因为这一程序的工作，让数据库中的资源可以得到充分管理，并且能实现对数据的控制；数据库的实用程序，可以使得数据库在相对完整的基础上建立起来，并且在相对完整的数据库系统下让数据库得到维护。

数据库管理系统的优点有：

1）控制数据冗余。数据库管理应尽可能地消除冗余，但是并没有完全消除，而是控制大量数据库固有的冗余。例如，为了表现数据间的关系，数据项的重复一般是必要的，有时为了提高性能也会重复一些数据项。

2）保证数据一致性。通过消除或控制冗余，可降低不一致性产生的危险。如果数据项在数据库中只存储了一次，则任何对该值的更新均只需进行一次，而且新的值立即就被所有用户获得。如果数据项不只存储了一次，而且系统意识到这点，系统将可以确保该项的所有复制都保持一致。许多 DBMS 都不能自动确保这种类型的一致性。

3）提高数据共享。数据库应该被有权限的用户共享。DBMS 的引入使更多的用户可以更方便地共享更多的数据。新的应用程序可以依赖于数据库中已经存在的数据，并且只增加没有存储的数据，而不用重新定义所有的数据需求。

1.2.2 数据仓库环境

数据仓库是决策支持系统（DSS）和联机分析应用数据源的结构化数据环境。数据仓库研究和解决从数据库中获取信息的问题。数据仓库的特征在于面向主题、集成性、稳定性和时变性。

（1）数据仓库的定义

数据仓库由数据仓库之父比尔·恩门（Bill Inmon）于 1990 年首次提出。数据仓库的主要功能是将组织通过信息系统的联机事务处理（OLTP）长期积累的大量资料，通过数据仓库理论所特有的资料储存架构，做系统的整理分析，便于各种分析方法的进行，如联机分析处理（OLAP）和数据挖掘（Data Mining），进而支持决策支持系统和主管信息系统（EIS）的创建，帮助决策者从大量资料中快速有效地分析出有价值的信息，以便于决策拟定及快速回应外在环境的变化，从而促进商业智能（BI）的发展。Bill Inmon 将数据仓库定义为一个面向主题的、时变的、集成的、非易失性的数据集合，以支持管理层的决策分析。

综上，可将数据仓库定义为一个为企业各个级别的决策制定过程，提供所有类型数据支持的战略集合。数据仓库是出于分析性报告和决策支持目的而创建的独立的数据存储系统。数据仓库为需要业务智能的企业提供指导，帮助企业改进业务流程、监视时间、降低成本、控制质量。

（2）数据仓库的特征

1）面向主题。数据仓库中的数据是按照一定的主题域进行组织的。主题是与传统数据库的面向应用相对应的，是一个抽象概念，是在较高层次上将企业信息系统中的数据综合、归类并进行分析、利用的抽象。每一个主题对应一个宏观的分析领域。数据仓库排除对于决策无用的数据，提供特定主题的简明视图。

2）集成性。企业级数据，同时要保持数据的一致性、完整性、有效性和准确性。数据仓库中的数据是在对原有分散的数据库数据抽取、清理的基础上经过系统加工、汇总和整理得到的，必须消除元数据中的不一致性，以保证数据仓库内的信息是关于整个企业的一致的全局信息。

3）稳定性。数据仓库的数据主要用于企业决策分析，所涉及的数据操作主要是数据查询，一旦某个数据进入数据仓库后，一般情况下将被长期保留，也就是数据仓库中一般有大量的查询操作，但修改和删除操作很少，通常只需要定期的加载、刷新。

4）时变性。反映历史变化，数据仓库是随时间而变化的，能够较好地满足商业商务处理的需求，而传统的关系型数据库系统比较适合处理格式化的数据。稳定的数据以只读格式保存，且不随时间改变。

（3）数据仓库的组成

1）数据抽取工具。把数据从各种各样的存储方式中拿出来，进行必要的转化、整理，再存放到数据仓库内。对各种不同数据存储方式的访问能力是数据抽取工具的关键，应能生成 COBOL 程序、MVS 作业控制语言（JCL）、UNIX 脚本和 SQL 语句等，以访问不同的数据。数据转换包括删除对决策应用没有意义的数据段，将数据转换成统一的数据名称和定义，计算统计和衍生数据，将默认值赋给缺值数据，把不同的数据定义方式统一。

2）数据库。数据库是整个数据仓库环境的核心，是数据存放的地方并提供对数据检索的支持。相对于操纵型数据库来说，其突出的特点是对海量数据的支持和快速的检索技术。

3）元数据。元数据是描述数据仓库内数据的结构和建立方法的数据。可将其按用途分为两类，技术元数据和商业元数据。

技术元数据是数据仓库的设计和管理人员用于开发和日常管理数据仓库所使用的数据。技术元数据包括数据源信息、数据转换的描述、数据仓库内对象和数据结构的定义、数据清理和数据更新时用的规则、源数据到目的数据的映射、用户访问权限、数据备份历史记录、数据导入历史记录、信息发布历史记录等。

商业元数据从商业业务的角度描述了数据仓库中的数据。它包括对业务主题的描述，且包含所涉及的数据、查询和报表。

元数据为访问数据仓库提供了一个信息目录（Information Directory），这个目录全面描述了数据仓库中有什么数据、这些数据是如何得到的和怎么访问这些数据。元数据是数据仓库运行和维护的中心，数据仓库服务器利用它来存储和更新数据，用户通过它来了解和访问数据。

4）数据集市。在数据仓库的实施过程中往往可以从构建一个部门的数据集市着手，以后再将几个数据集市整合成一个完整的数据仓库。需要注意的是，在实施不同的数据集市时，同一含义的字段定义一定要保持一致，这样在以后实施数据仓库时才不会出现困难。

5）数据仓库管理。数据仓库管理包括：安全和特权管理；跟踪数据的更新；数据质量检查；管理和更新元数据；审计和报告数据仓库的使用和状态；删除数据；复制、分割和分发数据；备份和恢复；存储管理。

6）信息发布系统。把数据仓库中的数据或其他相关的数据发送到不同的地点或发送给不同的用户。基于Web的信息发布系统是应对多用户访问最有效的方法。

7）访问工具。为用户访问数据仓库提供手段，包括数据查询和报表工具、管理信息系统（EIS）工具、联机分析处理（OLAP）工具、数据挖掘工具。

（4）分布式数据仓库

分布式数据仓库是一种将数据分布在多个数据库中的数据仓库架构。这种架构的优点是可扩展性好、性能高，同时减少了集中式数据仓库中的性能和管理成本问题。但是，分布式数据仓库存在数据不一致、数据重复和数据整合等问题，需要投入大量的时间和资源来解决数据整合和数据治理问题。

1）狭义分布式数据仓库。狭义分布式数据仓库是在原有集中式数据仓库的概念上发展起来的，是满足传统数据库系统理论的分布式数据仓库系统，主要有3种类型：一是同构同质，各数据节点采用相同的数据模型，采用相同型号的数据库管理系统；二是同构异质，各数据节点采用相同的数据模型，采用不同型号的数据库管理系统；三是完全异构，各数据节点采用不同的数据模型。

2)广义分布式数据仓库。在大数据背景下,具有数据分布存储、访问体系的数据存储系统均可认为是分布式数据仓库。广义分布式数据仓库主要包括2种类型:一是分布式文件系统,以 Hadoop 分布式文件系统(HDFS)为代表的文件存储系统;二是混搭架构,即传统的数据仓库与分布式文件系统的混搭。

3)分布式数据仓库的类型。第一种类型是业务是在不同地域或不同的生产线上进行的。在这种情况下,就出现了局部数据仓库和全局数据仓库。局部数据仓库在远程站点上提供和处理数据,而全局数据仓库提供的是在整个业务范围集成后的数据。

第二种类型是数据仓库环境包括大量的数据,分布在多个处理器上。从逻辑上看只有一个数据仓库,但从物理上看,存在许多有紧密联系但存放在不同的处理器上的数据仓库。这种配置可称为技术上分布的数据仓库。

第三种类型是数据仓库环境是以一种不协调的方式建立起来的。先建立一个数据仓库,然后再建立另一个。不同数据仓库之间缺乏协调性的原因通常是政策和机构上的差异。这种情况可称为独立演进的分布式数据仓库。

1.3 数据仓库的体系结构简介

将数据仓库的不同部分组合在一起就组成了数据仓库的体系结构。由于原始数据和导出数据的不同而导致数据分离的自然扩展过程如图 1-1 所示。

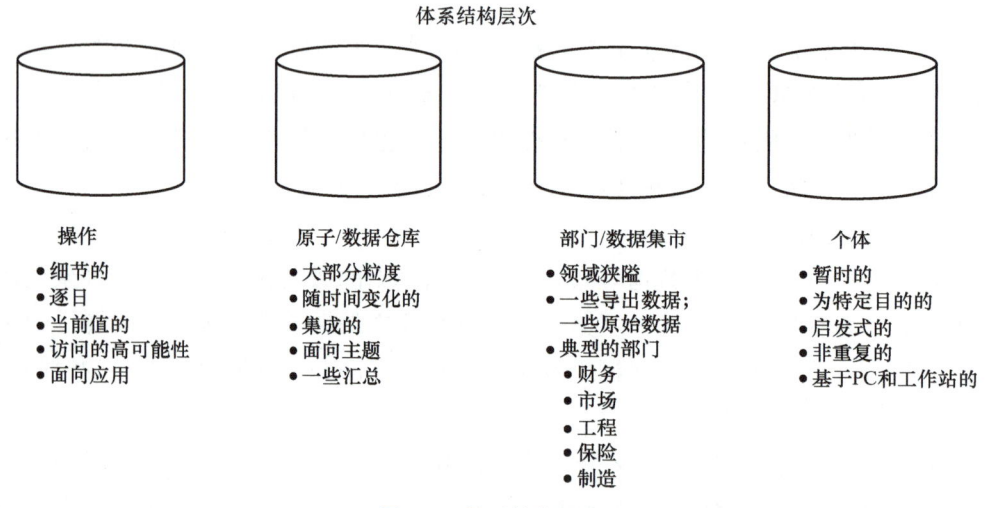

图 1-1 体系结构层次

在体系结构设计环境中有 4 个层次,分别是操作层、原子/数据仓库层、部门/数据集市层和个体层。数据的操作层只保存原始数据并且服务于高性能事务处理领域。原子/

数据仓库层存储不更新的原始数据,此外一些导出数据也在此存放。数据的部门/数据集市层几乎只存放导出数据。大多数启发式分析在数据个体层中完成。这种体系结构比蜘蛛网结构的冗余数据要少得多。考察贯穿这种体系结构的数据的简单实例,如图1-2所示。在操作层中存在一个顾客记录John。在操作层的记录是包含当前值的数据记录。要了解顾客的当前情况,访问操作层的记录即可。如果关于John的信息变化了,那么操作层的记录将随之变化为正确的新数据。

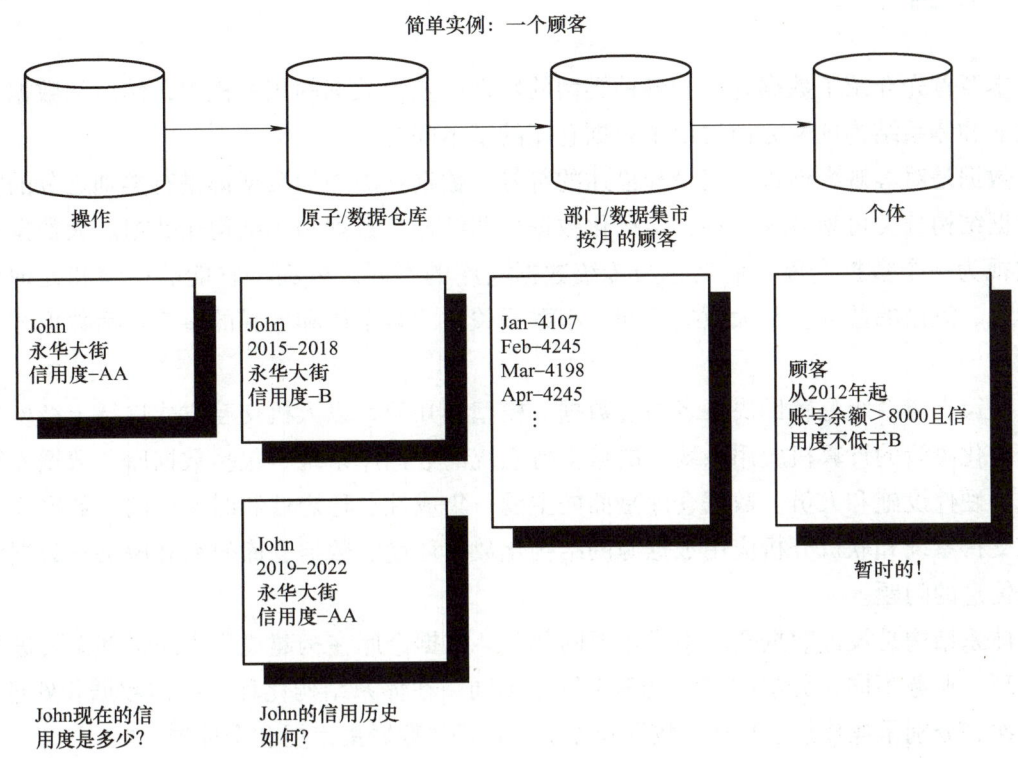

图 1-2　可用不同数据层次进行查询的不同类型

在数据仓库层中可以找到几条有关John的记录,这些记录反映了John的历史信息。例如,要发现John去年住在什么地方,可通过搜索数据仓库层中的记录获取。在数据仓库层中的数据与在操作层中的数据之间无重叠。如果John的地址发生了变化,那么在数据仓库层中将产生一个记录,这个记录反映了从什么时间到什么时间John住在哪里。注意数据仓库层中的记录无重叠,并且在数据仓库层中存在与每个记录相关联的时间元素。

部门/数据集市层包括对一个公司中不同地区的部门有用的信息。部门/数据集市层包括财务部门数据库,市场部门数据库和保险部门数据库等。所有部门的数据源都是数据仓库。部门层常被称为数据集市层、OLAP层或多维DBMS层。

部门/数据集市层的典型数据是月度顾客文件。在此文件中是一张所有顾客的分类列表。John 每月都出现在这个汇总当中。可以进一步考虑将记账信息作为冗余的一种形式。

最后的数据层是个体层。个体层数据常常是暂时的、小规模的。在个体层要做很多启发式分析。通常，个体层数据被认为是由 PC 支持的数据。高级管理人员信息系统（EIS）处理主要运行在个体层上。

1.4 小结

本章首先介绍了数据仓库中各种类型的数据以及大数据的相关概念，然后从数据仓库的演变和体系结构这两方面讨论了数据仓库的基本问题。

数据是对客观事件进行记录和描述的符号。数据仓库中的数据都是有类别之分的。数据根据结构分类可划分为 3 种：结构化数据、非结构化数据和半结构化数据。大数据也可以被视为一个数据仓库，但是它与传统数据仓库的不同之处在于它能够存储和处理更加多样化、海量的数据。与大数据不同，小数据关注的是个体和细腻的事实。活数据才是大数据。

决策支持系统是辅助决策者通过数据、模型和知识，以人机交互方式进行半结构化或非结构化决策的计算机应用系统。决策支持系统的数据库系统，包括数据库、数据库管理系统、硬件设施和人员。数据仓库是面向主题、集成性、稳定性和时变性的。数据仓库是决策支持系统和联机分析应用数据源的结构化数据环境。数据仓库研究和解决从数据库中获取信息的问题。

体系结构是设计数据仓库中最重要的部分。数据仓库在构建过程中通常都需要进行分层处理。业务不同，分层的技术处理手段也不同。在体系结构化环境中的数据和处理有 4 个层次，分别是操作层、原子/数据仓库层、部门/数据集市层和个体层。

第 2 章 操作数据层

 学习目标

通过本章学习,你将能回答以下问题:
- 什么是 ODS?为什么要使用 ODS 技术?ODS 技术与数据仓库的关系是什么?
- 如何设计 ODS?如何解决业务系统数据在数据仓库中的存储和管理问题?
- 如何更好地对数据仓库进行问题排查?

在大数据环境下,数据仓库的建设需要从多个渠道获取数据,同时需要对数据进行实时或准实时的整合和处理。面对庞大的数据流,操作型数据存储(Operational Data Store,ODS)要解决企业所要面对的从业务系统到数据仓库的数据整合和数据清洗的问题。

本章首先介绍 ODS 数据操作层本身,包括 ODS 的定义以及与数据仓库的关系等,之后介绍 ODS 的两个集成,最后介绍实际运用 ODS 的实时数据仓库。

2.1 ODS

对数据的处理行为可以划分为事务型数据处理(On-Line Transaction Processing,OLTP)和分析型数据处理(On-Line Analytical Processing,OLAP)。

事务型数据处理一般放在传统的数据库(Database,DB)中进行,分析型数据处理则需要在数据仓库(Data Warehouse,DW)中进行。但是有些操作型处理并不适合放在传统的数据库中完成,也有些分析型处理不适合在数据仓库中进行,这时候就需要第三种数据存储体系,ODS 系统就因此产生。ODS 的出现将 DB&DW 两层数据架构转变成 DB&ODS&DW 三层数据架构。

了解完 ODS 的大致概念,本节将更深入地介绍 ODS 的定义及分类,以及 ODS 数据的基本特征。然后再继续细化,从 ODS 应用层面介绍 ODS 与数据仓库以及 ODS 的设计。

2.1.1　ODS 的定义及分类

ODS 充当数据仓库的操作数据层，它将来自不同数据源的数据通过 ETL 过程整合成面向主题的、集成的、企业全局的、一致的数据集合，用于满足企业准实时的 OLAP 操作和企业全局的 OLTP 操作，并为数据仓库提供集成后的数据，将数据仓库系统中的 ETL 过程下沉到 ODS 中完成，以减轻数据仓库的压力。

操作型数据存储（ODS）分为 4 类，分别为：

第一类 ODS：从操作型环境到 ODS 的数据更新是同步进行的。

第二类 ODS：操作型环境与 ODS 的数据更新之间有几个小时的间隔。

第三类 ODS：操作型环境与 ODS 的数据更新在夜间进行。

第四类 ODS：从操作型环境到 ODS 的数据更新是无预期的。

2.1.2　ODS 数据的基本特征

ODS 中的数据具有以下 4 个基本特征。

面向主题的：ODS 是按照业务主题或功能领域组织的，而不是按照应用程序或部门组织的。这意味着 ODS 中的数据被设计为支持特定业务需求和分析的，使得数据更易于理解和使用。

集成的：ODS 的数据来源于各个操作型数据库，同时也会在数据清理加工后进行一定程度的综合。这种集成性有助于减少数据的重复性和不一致性，提高数据的质量和可信度。

可更新的：可以联机更新。尽管 ODS 可能包含历史数据，但它主要关注当前的业务细节，因此不像数据仓库一样保留所有历史数据。这一点有别于数据仓库。

当前的：ODS 中的数据是实时或准实时更新的，反映了当前业务操作的最新状态。这确保了组织在做出决策时可以依赖于最新的可靠数据，从而提高了业务响应速度和决策质量。

2.1.3　ODS 与数据仓库

ODS 是一个面向主题的、集成的、可更新的、当前的细节数据集合，用于支持企业对于即时性的、操作性的、集成的全体信息的需求。ODS 在数据仓库体系结构中起到桥梁的作用，是数据库（DB）与数据仓库（DW）之间的中间层，ODS 具备数据仓库（如 OLAP）和数据库（如 OLTP）的部分特征。

ODS 在三层体系结构中起到承上启下的作用。ODS 和数据仓库都具有面向主题的、集成的、可更新的、当前的特点。但两者也有很多不同点：数据仓库更强调对决策支持的服务，强调数据的不可修改性和时间属性，而 ODS 更注重实时数据处理和提供实时的数据分析基础。在实际应用中，两者可以相互配合，构建完整的数据管理与分析体系。

存放数据的内容不同：ODS 中主要存放细节数据和当前或者接近当前的数据，可以进行联机更新。数据仓库中主要存放细节数据和历史数据，以及各种程度的综合数据，不能进行联机更新。

数据规模不同：数据仓库存放的数据规模远高于 ODS。

技术支持不同：ODS 需要支持面向记录的联机更新，并随时保证其数据与数据源中的数据一致。数据仓库则需要支持 ETL 技术和数据快速存取技术。

面向的需求不同：ODS 强调实时性、可更新性，适用于企业级 OLTP 操作，而数据仓库更注重提供一致、准确、完整的数据支持决策分析。

使用目的不同：ODS 主要用于支持日常业务活动、实时决策和操作性报告。数据仓库则更侧重于支持战略性分析、跨部门的报告和决策制定。

2.1.4　ODS 设计

ODS 设计与数据仓库设计在着眼点上有所不同，ODS 设计重点考虑业务系统数据的类型和数据之间的关系、在业务流程处理中的环节，以及数据抽取接口等问题。

（1）数据调研

设计 ODS 首先需要通过数据调研来理解业务系统的实际情况。这包括进行详细的数据源分析，明确 ODS 将从哪些业务系统中获取数据。同时，与业务系统管理员或相关团队沟通，以了解数据结构、数据质量和数据更新频率等信息。这样可以更好地选择合适的设计思路和同步方式，保证 ODS 是按照业务主题或功能领域组织的，确保 ODS 层满足业务的全局应用需求。

（2）确定数据范围

确定数据范围实际上是对 ODS 进行主题划分的过程。这种划分是在对业务系统调研的基础上进行的，对整个数据仓库系统上端应用需求的关注度不高。但是需要把上端应用需求与 ODS 数据范围进行验证，以确保应用所需的数据都已经从业务系统中抽取出来，并且得到了很好的组织。一般来讲，主题的划分是以业务系统的信息模型为依据的。设计者需要综合各种业务系统的信息模型，并进行宏观的归并，得到企业范围内的高层数据视图，并加以抽象，划定几个逻辑的数据主题范围。在这个阶段，以 ER 模型表示数据主题关系最为恰当。接下来，根据数据范围进行数据分析和主题定义。这需要对大的数据主题进行分解，并进行主题定义，直到每个主题能够直接对应一个主题数据模型为止。在这个阶段,将把第一个阶段生成的每个 ER 图中的实体进行分解,分解的结果仍以 ER 表示为佳。

(3)定义主题元素

1)定义主题的概念特性:主题名称和含义。说明该主题主要包含哪些数据,用于什么分析。

2)定义维的概念特性:维名称、维成员和维层次。维名称能够清晰地表示出维的业务含义。维成员是维所代表的具体的数据。维层次是维成员之间的隶属与包含的层次关系,每个维层次都需要定义名称。

3)定义度量的概念特性:度量名称。名称能够清晰地表述度量的业务含义。

4)主题所包含的维和度量:主题的事实表,以及事实表的数据。

5)定义粒度:主题中事实表的数据粒度说明。这种粒度可以通过对维的层次限制加以说明,也可以通过对事实表数据的业务细节程度进行说明。

6)定义存储期限:主题中事实表中的数据存储周期。

(4)迭代,归并维、度量的定义

在 ODS 中,因数据来自多个系统,数据主题划分时虽然对数据概念进行了一定程度上的归并,但具体的业务代码所形成的各个维,以及维成员等还需要进一步进行归并,把概念统一的维定义成一个维,不允许同一个维存在不同的实体表示。

(5)物理设计

定义每个主题的数据抽取周期、抽取时间、抽取方式、数据接口、抽取流程和规则。

物理设计不仅是 ODS 部分的数据库物理实现,设计数据库参数、操作系统参数、数据存储之外,有关数据抽取接口等问题也必须清晰定义。

2.2 ODS 与 Web 集成

将 ODS 与 Web 集成可以带来很多优势。首先,通过 ODS 存储、整合和管理数据,Web 应用程序可以更容易地访问和利用这些数据,从而支持更快速、实时的数据展示和分析。其次,ODS 作为中间层可以帮助解耦 Web 应用程序与底层数据系统,降低对数据源的直接依赖,提高系统的灵活性和可维护性。同时,ODS 还可以通过实时或定期更新机制,与 Web 应用程序保持数据同步,确保数据的准确性和一致性。总的来说,将 ODS 与 Web 集成可以加强数据管理、提升应用程序性能,并提供更灵活的数据访问方式。

在了解 ODS 与 Web 集成之前,需要先了解 Web 数据与粒度管理器,这两者是 ODS 与 Web 集成的先决条件。

2.2.1　Web 数据

在大多数情况下，Web 环境由企业拥有并管理。Web 环境是企业信息系统的组成部分，同时也是企业商务系统的集成核心。

Web 环境与企业系统进行交互包括两种方式。一种是交易数据，每产生一次需要执行的订单就有一次交互；另一种是 Web 日志数据，用来收集用户在 Web 网页上的活动数据。相比于交易数据，Web 日志数据包含了用户的隐性需求，具有更大的挖掘价值。

Web 日志中包含了点击流数据。每当 Internet 用户进行点击而转向另外一个网络地址时，就产生了一个点击流的记录；当用户在浏览同一个网页的不同产品时，也会生成关于用户浏览或购买了哪些产品的数据以及用户停留的时间等，这些都被称为点击流数据。点击流数据是了解互联网用户隐性心理需求偏好的关键。通过对点击流数据进行深度挖掘，分析得到用户的深层次需求，为对用户进行商品推荐提供了理论依据。

然而，Web 环境与企业系统之间的这种作用巨大的交互所需要的技术并不简单。理解并处理来自 Web 环境中的数据有时是很困难的，主要体现在 Web 产生的是细节程度很低的数据。由于这些数据太详细了，既不能直接用于分析，也不能直接加载进数据仓库，因此，必须对日志数据进行读取和提炼。

2.2.2　粒度管理器

粒度管理器是 Web 日志中的点击流数据在进入数据仓库环境之前需要经过的一个处理数据的软件。粒度管理器的功能有：

1）清除不必要以及错误数据：那些在未来对公司没有任何参考价值的输入记录将被丢弃，这些数据预计占了总数据的 90%。

2）数据汇总：那些对公司有参考价值的数据可以经常进行合并，即将多条记录合并为一条记录。

3）数据聚集：某些情况下将不同种类的数据聚集成一条单独的记录会比数据合并更有意义。

4）改写数据：当数据被改写时，它会以一种格式和结构输入，而以另外一种格式和结构输出。改写那些原本粒度很低的数据非常常见。

这些动作极大地压缩了数据并且剔除了无用数据。经过粒度管理器的点击流数据就可以集成到企业的数据仓库中。

将数据从 Web 转移到数据仓库首先需要将 Web 数据收集到日志中，日志数据在通过粒度管理器时得到处理，最后粒度管理器将转换后的数据传递给数据仓库。

将数据传回 Web 环境并不是直接的，因为 Web 环境中需要的数据并不是原始数据，更多的是经过分析得出的概要数据，以便分析人员更好地分析数据。

2.2.3 基于 ODS 的 Web 集成

数据从数据仓库传输到企业的操作型数据存储中，可以通过 Web 直接访问。将 ODS 放在数据仓库与 Web 环境之间的原因：一方面，ODS 包含了集成的概要数据，可以支持决策支持系统的处理；另一方面，ODS 可以提高事务处理的速度，即当一个 Web 站点在 ODS 上进行数据存储时，它可以在毫秒级的时间内得到数据响应，而在数据仓库中响应则长达几分钟。

ODS 中的概要数据主要是经过分析总结之后的解释性数据，储存周期较短，一般为近几个月的数据；而数据仓库中存放的是原始数据，存放周期较长，一般为 1～2 年甚至更长时间。两者之间的区别如图 2-1 所示。

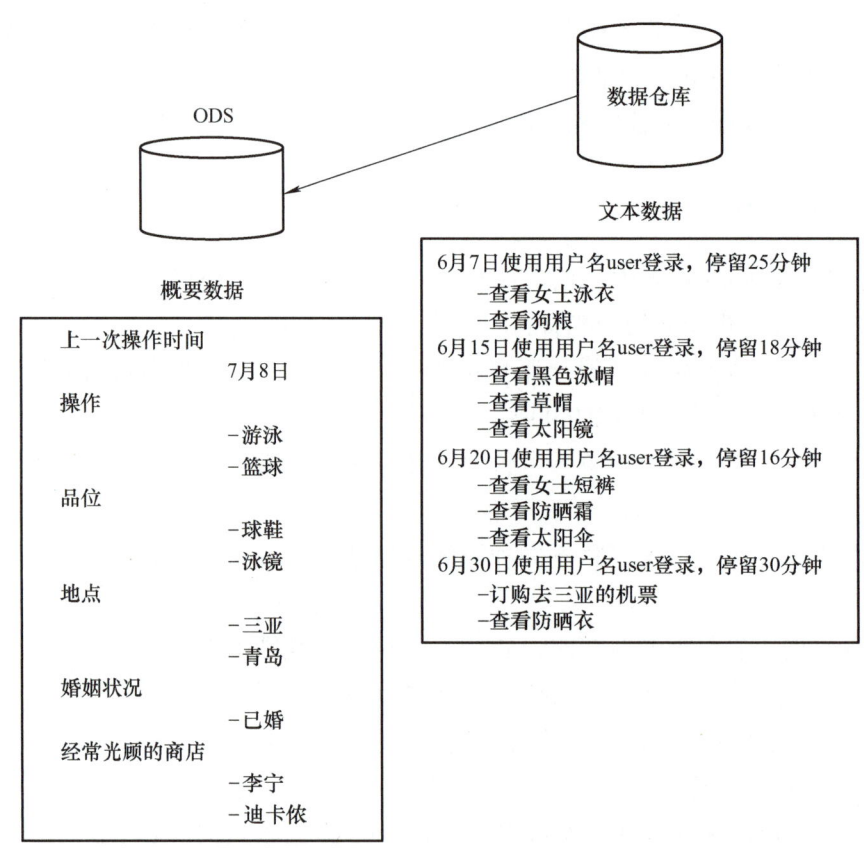

图 2-1　文本数据与概要数据

分析程序是解释性和预测性的。根据顾客过去的行为以及分析程序所能得到的其他信息，分析程序对信息进行吸收，并以此为该顾客生成一个非常个性化的推测。这个推测中的信息既包含事实，又包含推断。

利用数据仓库环境支持 Web 不仅表现在提高响应时间和数据的预分析上，还有另一关键作用在于管理大量的数据。Web 处理过程产生大量的信息，即使使用了粒度管理器并得到了最有效的利用，Web 网站产生的数据还是会堆积如山。

数据在不同介质的存储时间是不同的，这就如同数据仓库中数据的生命周期。在 Web 中产生的数据仅可在 Web 中存储一天左右，接着这些数据将存入数据仓库，大约可以存放几个月到几年的时间，最后将长期不用的数据存入海量存储环境。由于有了数据之间的转存体系，数据将不会出现大量囤积、无法处理的现象。

2.2.4　ODS 与 Web 日志数据集成

将 ODS 与日志数据集成可以实现对系统状态、用户行为等方面的全面监控和分析，帮助发现潜在问题，并支持实时监控和历史数据分析。同时，ODS 还可以作为日志数据的长期存储平台，提供灵活的查询和分析功能，以满足业务决策和问题排查等需求。

Web 是一个非常巨大的信息来源地，不过提供这些信息的网站结构是否合理，唯一的评估者是访问浏览它的用户。每次用户的访问都会在服务器上记录一条访问日志，根据这条日志可知用户访问此站点的用户地址以及访问时间等信息。日志用来记录用户操作、系统运行状态等，是一个系统的重要组成部分。

从页面的内容、结构、服务器日志等数据资料中检索和挖掘具有潜在价值的各类信息。区别于传统的数据内容，Web 日志中的数据信息具体表现出以下特性：

（1）多样性

由于用户操作系统、硬件设备、应用软件以及所选服务的差异，所以会在服务器中形成格式与存储方式差异显著的日志记录。由于日志记录在国内外标准与格式方面缺乏统一性，从而加大了日志标准化处理的难度。

（2）可读性差

二进制是绝大部分服务器日志的存储形式，并且不同系统与操作环境中的日志在存储格式上存在显著差异，这种不一致性加大了有价值信息的筛选难度。对于一份日志记录而言，必须借助与之对应的说明文档与帮助信息才能顺利解读，从而导致非专业人员在获取并了解计算机日志的具体内容方面存在较大困难。

（3）数据规模巨大

Web 日志的主要信息为服务器、数据库、防火墙及应用程序和文件的运行信息，其数据规模随运行时间呈现指数式增长规律，日志信息总量将不断增长，从而加大了信息存储与分析的难度，而传统的人工读取和分析则更加难以准确、高效地获取计算机的运行状况与安全信息数据。

（4）获取难度大

在计算机日志的存储方式上，不同开发商与供应商会按照自身偏好与需要进行定义，日志的格式差异较大并且缺乏统一的数据接口，从而形成了各具特色的日志存储方式与表达格式。随着系统的运行，日志的存储形式会发生各种变化，这进一步加大了日志信息的获取难度，不利于规范分析。

Web 日志通常包含实时产生的数据，而 ODS 层需要提供实时数据访问。通过将 Web 日志与 ODS 集成，企业可以满足实时业务需求，支持即时的数据分析和决策。ODS 层作为操作性数据存储，可以集成来自 Web 日志的原始数据，使用 ETL 工具进行数据同步和清洗，解决了数据分散和难以访问的问题，使得企业能够统一存储和管理来自不同渠道的数据。

2.3 实时数据仓库

实时处理即即时运算（Real-Time Computing），是计算机科学中对受到"即时约束"的计算机硬件和计算机软件系统的研究，即时约束是从事件发生到系统回应之间的最长时间限制。即时程序必须保证在严格的时间限制内响应。

随着信息化过程的深入，企业内部的信息系统种类日益繁多，规模不断扩大，异构性越来越高。由于网络的普遍应用，信息系统中数据更新速度也越来越快。而激烈的商业竞争要求数据仓库提供战略性决策支持的同时，更多地给企业提供关于日常运行的战术性决策支持。在这种新的形势下，如何快速反应业务数据的变化、快速生成报表已成为数据仓库的新需求。实时数据仓库是数据仓库演化过程中的一个全新阶段，它融合了实时数据集成技术和主动规则机制，既可以支持长远的战略决策，也可以支持实时的战术决策。实时数据仓库改变传统数据仓库周期载入数据的方式，换之以实时或及时的方式把源系统的新变化数据导入到数据仓库中供在线分析使用。用户不但可以对数据仓库中大量的历史数据进行分析提取信息，也可以获取实时的数据信息进行分析，从而做出战术型决策。

实时数据仓库体系结构中实时数据存储区的几种设计方法的区别见表 2-1。

表 2-1 实时数据仓库体系结构中实时数据存储区的几种设计方法的区别

衡量因素	ODS 分区	双镜像交替分区	数据仓库副本分区	多级缓存分区
存储空间开销	小	小	小	很大
处理更新的效率	快	快	慢	快
对 OLAP 查询的影响	大	大	小	大
复杂性	简单	一般	简单	复杂
查询更新竞争控制	差	较好	差	很好
数据实时性	好	不好	好	好
向静态分区数据导入	麻烦	麻烦	方便	方便

从以上分析可以看出基于 ODS 分区方式的实时存储区，其优点是需要的存储空间小、处理更新的效率高、结构比较简单，并且数据的实时性也得到了很好的保证。但是由于 ODS 分区的结构设计一般接近于源系统，因此对基于 ODS 分区的数据仓库查询的影响较大，需要对查询语句做较大的改变，并且由于 ODS 分区的结构与数据仓库差别较大，ODS 分区的数据向静态分区导入时需要较多的清洗转换操作，效率比较低且操作麻烦。另外分区对查询与更新的竞争控制做得也不是很好。因此分区方式一般适用于源系统更新频率较高、需要快速抽取并处理变化数据的情况。

2.4 小结

本章探讨了数据仓库体系结构中的操作数据层。

传统的数据库和数据仓库在面对一些大数据相关的分析性处理和操作性处理时难以完成，此时就需要一种新的数据存储体系，这就是操作型数据存储 ODS。ODS 作为第三种数据存储体系，更灵活地解决了一些传统数据库无法满足的问题。ODS 既能处理操作型数据的集成和清洗，也能支持分析型处理的需求，为大数据处理提供了更全面的解决方案。

ODS 作为数据存储系统，通过 ETL 过程整合不同数据源，支持准实时的 OLAP 和全局的 OLTP 操作。分类包括同步更新、时间间隔更新、夜间更新和非预先规划更新。

ODS 数据的基本特征强调了面向主题的、集成的、可更新的、当前或接近当前的特点，与数据仓库相比具有可联机修改的特性。

ODS 在数据仓库三层体系结构中承上启下，它充当数据仓库和业务系统之间的中间层，具备数据仓库和 OLTP 系统的一些特征，但在存放内容、数据规模、技术支持、面向需求和使用者等方面有差异。

在设计 ODS 时，需要进行数据调研，确定数据范围，定义主题元素，迭代，归并维、度量的定义以及物理设计。

ODS 与 Web 集成解决了业务系统数据在数据仓库中的存储和管理问题，在此基础上与日志集成可以让数据仓库更好地进行问题排查工作。

第 3 章　数据集市

通过本章学习，你将能回答以下问题：
- 什么是数据集市？数据集市有哪些种类？数据集市层有什么作用？
- 数据集市和数据仓库的区别和联系是什么？
- 什么是维度建模？事实表和维表分别如何构建？
- 数据集市怎么设计？需求和主题如何确定？设计的过程用到了哪些方法？

随着数据量的暴增和数据实时性要求越来越高，以及大数据技术的发展驱动企业不断升级迭代，传统数据仓库经历了一个长时期的发展过程，从传统数据仓库架构到离线大数据架构，从 Lambda 架构到后来的 Kappa 架构，再到 2016 年至今的新一代实时数据仓库，数据集市在数据仓库的发展历程中起到了十分重要的作用。本章从数据集市的概念展开，详细介绍数据集市的各种类型，并重点讲述有关数据集市设计的方法和技术。

3.1 数据集市概述

数据集市（Data Mart）也叫数据市场，是一个从操作的数据源和其他的为某个特殊的专业人员团体服务的数据源中收集数据的仓库。数据集市是一个集成的、面向主题的数据集合，设计的目的是支持决策支持系统（DSS）功能。

每个数据集市包括来自中央数据仓库的历史数据子集，用以满足特定部门、团队、客户或应用程序分析和报告需求。数据集市的功能是满足特定的部门或者用户的需求，按照多维的方式进行存储，包括定义维度、需要计算的指标、维度的层次等，生成面向决策分析需求的数据立方体。

从范围上来说，数据集市的数据是从企业范围的数据库、数据仓库，或者是更加专业的数据仓库中抽取出来的。数据集市的重点就在于它迎合了专业用户群体的特殊需求，体现在分析、内容、表现，以及易用等方面。数据集市的用户希望数据是由他们熟悉的术语表现的。

数据集市是企业级数据仓库的一个子集，是为了解决灵活性与性能之间的矛盾而出现的一种小型的部门或工作组级别的数据仓库。它主要面向部门级业务，并且只面向某个特定的主题。数据集市存储为特定用户预先计算好的数据，从而满足用户对性能的需求。在一定程度上，数据集市可以缓解访问数据仓库的瓶颈。

在数据仓库领域有一个概念叫操作集市（Oper Mart），操作集市为企业战术性的分析提供支持，它的数据来源是数据仓库。它是数据仓库在分析功能上的扩展，使用户可以对操作型数据进行多维分析。

数据集市可以理解为是一种"小型数据仓库"，它只包含单个主题，且关注范围也非全局。

操作集市和数据集市很相似，但是它不能用来取代用于战略性分析的数据集市。由于操作集市的数据来源于ODS，所以它的数据比数据集市的数据要新。但是出于容量的考虑，操作集市中不保存历史数据，而是一个临时的结构。

数据集市的特征包括规模小，有特定的应用，面向部门，由业务部门定义、设计和开发，由业务部门管理和维护，能快速实现，购买成本低，投资快速回收，工具集成紧密，提供更详细的、预先存在的、数据仓库的摘要子集以及可升级为完整的数据仓库等。

3.1.1 数据集市的分类

数据集市可以分为两种类型——独立型数据集市和从属型数据集市。独立型数据集市直接从操作型环境获取数据，从属型数据集市从企业级数据仓库获取数据，带有从属型数据集市的体系结构。

（1）独立型数据集市

独立型数据集市（如图3-1所示）的数据来自操作型数据库，是为了满足特殊用户而建立的一种分析型环境。这种数据集市的开发周期一般较短，具有灵活性，但是因为脱离了数据仓库，独立建立的数据集市可能会导致信息孤岛的存在，不能以全局的视角去分析数据。

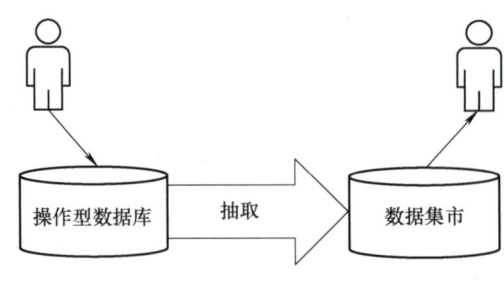

图3-1 独立型数据集市

第 3 章　数据集市

（2）从属型数据集市

从属型数据集市（如图 3-2 所示）的数据来自企业的数据仓库，这样会导致开发周期的延长，但是从属型数据集市在体系结构上比独立型数据集市更稳定，可以提高数据分析的质量，保证数据的一致性。

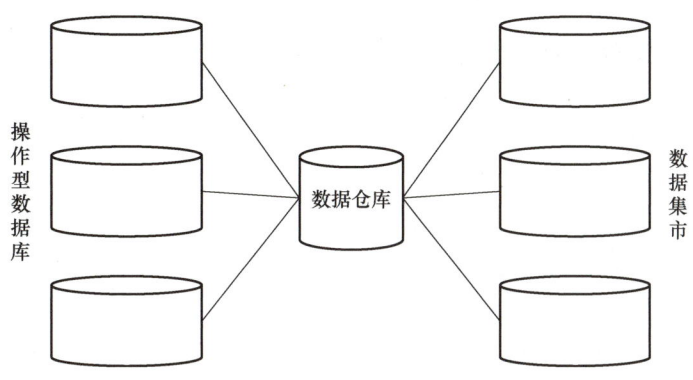

图 3-2　从属型数据集市

企业规划数据仓库项目时，往往会接触到很多数据仓库软件供应商。各供应商除了推销相关的软件工具外，同时也会向企业灌输许多概念。其中，数据仓库和数据集市是最常见的两个术语。然而，各供应商术语定义不统一、销售策略不一样，这往往会给企业带来很大的困惑。最常见的问题是：到底是先建立一个企业级的数据仓库呢？还是从建立一个部门级的数据集市开始？这个问题关乎是否要建立独立型数据集市。

数据仓库规模大、周期长，一些规模比较小的企业用户难以承担。因此，作为快速解决企业当前存在的实际问题的一种有效方法，独立型数据集市成为一种既成事实。独立型数据集市是为满足特定用户（一般是部门级别的）的需求而建立的一种分析型环境，它能够快速地解决某些具体的问题，而且投资规模也比数据仓库小很多。

独立型数据集市的存在会给人造成一种错觉，似乎可以先独立地构建数据集市，当数据集市达到一定的规模再直接转换为数据仓库。有些销售人员会推销这种观点，其实质却常常是因为建立企业级数据仓库的销售周期太长以至于不好操作。

多个独立的数据集市的累积，是不能形成一个企业级数据仓库的，这是由数据仓库和数据集市本身的特点决定的——数据集市为各个部门或工作组所用，各个集市之间难免存在不一致性。因为脱离数据仓库，当多个独立型数据集市增长到一定规模后，由于没有统一的数据仓库协调，企业只会又增加一些信息孤岛，仍然不能以整个企业的视图分析数据。借用 Inmon 的比喻：人们不可能将大海里的小鱼堆在一起就构成一头大鲸鱼，这也说明了数据仓库和数据集市有本质的不同。

如果企业最终想建设一个全企业统一的数据仓库，想要以整个企业的视图分析数据，独立型数据集市恐怕不是合适的选择；也就是说"先独立地构建数据集市，当数据集市达到一定的规模再直接转换为数据仓库"是不合适的。从长远的角度看，从属型数据集市在体系结构上比独立型数据集市更稳定，可以说是数据集市未来建设的主要方向。

数据集市是用来表示服务一组特定群体（如财会部门或者金融部门）分析需求的一种数据结构。

独立数据集市是指直接通过历史应用创建的数据集市。图3-3给出了一个独立的数据集市。

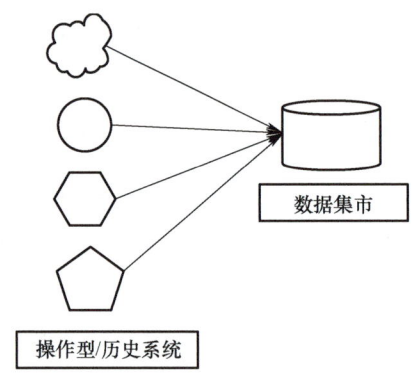

图3-3 独立数据集市

独立数据集市是解决信息问题的直接方法，它可以由单一的部门创建，而不考虑其他部门或中央IT组织。建立独立数据集市也不需要有"全局思想"。独立数据集市表示企业全部DSS请求的一个子集。建立独立数据集市的费用不高，并且允许企业掌握自己的信息。这些只是独立数据集市受欢迎的几个因素。

在数据结构上与独立数据集市相对应的是从属数据集市。如图3-4所示为一个从属数据集市。

从属数据集市是利用来自数据仓库的数据建立的。它的数据源不依赖于历史数据或操作型数据，只依赖于数据仓库。从属数据集市要求预先计划和投资，并需要"全局考虑"。此外，从属数据集市要求多个用户共享他们创建数据仓库时的信息。总之，从属数据集市要求有预先的计划、长期的观察、全局的分析和企业各不同部门对需求分析的合作与协调。

3.1.2 数据结构

数据集市中数据的结构通常被描述为星型结构或雪花结构。一个星型结构包含两个基本部分，即一个事实表和各种支持维表。

第 3 章 数据集市

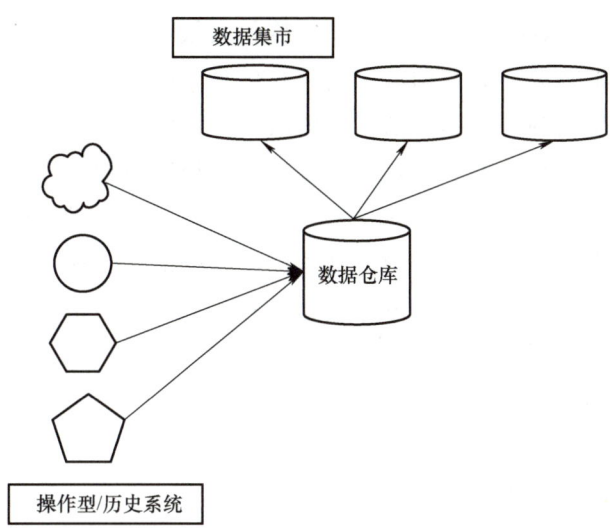

图 3-4 从属数据集市

（1）事实表

事实表描述数据集市中最密集的数据。在电话公司中，用于呼叫的数据是典型的最密集数据；在银行中，与账目核对和自动柜员机有关的数据是典型的最密集数据；对于零售业而言，销售和库存数据是最密集的数据。

事实表是预先被连接到一起的多种类型数据的组合体，它包括：一个反映事实表建立目的实体的主键，如一张订单、一次销售、一个电话等，主键信息，连接事实表与维表的外键，外键携带的非键值外部数据。如果这种非键值外部数据经常用于事实表中的数据分析，它就会被包括在事实表的范围内。事实表是高度索引化的，其中出现多条索引非常常见。有时事实表的每列都建了索引，这样做使事实表中的数据非常容易读取。但是，导入索引所需的资源数量必须为等式提供因数。通常，事实表的数据不能更改，但可以输入数据，一旦正确输入一个记录，就不能更改此记录的任何内容了。

（2）维表

维表是围绕着事实表建立的。维表包含非密集型数据，它通过外键与事实表相连。典型的维表建立在数据集市的基础上，包括产品目录、客户名单、厂商列表等。

数据集市中的数据来源于企业数据仓库。所有数据，除了一个例外，在导入到数据集市之前都应该经过企业数据仓库。这个例外就是用于数据集市的特定数据，它不能用于数据仓库的其他地方。外部数据通常属于这类范畴。如果不属于这个例外，数据就会用于决策支持系统的其他地方，那么这些数据就必须经过企业数据仓库。

数据集市包含两种类型的数据，通常是详细数据和汇总数据。

详细数据就像前面描述过的一样，数据集市中的详细数据包含在星型结构中。值得一提的是，当数据通过企业数据仓库时，星型结构就会很好的汇总。在这种情况下，企业数据仓库包含必需的基本数据，而数据集市则包含更高间隔尺寸的数据。但是，在数据集市使用者的心目中，星型结构的数据和数据获取时一样详细。

数据集市包含的第二种类型数据是汇总数据。分析人员通常以星型结构中的数据为基础创建各种汇总数据。典型的汇总可能是销售区域的月销售总额。因为汇总的基础不断发展变化，所以历史数据就在数据集市中，这些历史数据的优势在于它存储的概括水平。

数据集市以企业数据仓库为基础进行更新。对于数据集市来说大约每周更新一次非常平常。但是，数据集市的更新时间可以少于一周也可以多于一周，这主要是由数据集市所属部门的需求来决定的。

3.1.3 数据集市与数据仓库的联系与区别

数据集市的设计可以采用迭代式的方法。在迭代式开发中，每次迭代为上一次的结果增加了新的功能。功能增加的顺序要考虑到迭代平衡以及尽早发现重大风险。通俗地说，就是在正式交货之前多次给客户交付不完善的中间产品"试用"。这些中间产品有一些功能还没有添加进去、还不稳定，但是客户提出修改意见以后，开发人员能够更好地理解客户的需求。如此反复，使得产品在质量上能够逐渐逼近客户的要求。这种开发方法周期长、成本高，但是它能够避免整个项目推倒重来的风险，比较适合大项目和高风险项目。

理论上讲，应该有一个总的数据仓库的概念，然后才有数据集市。实际建设数据集市时，国内很少这么做。国内一般会先从数据集市入手，就某一个特定的主题（如企业的客户信息）先做数据集市，再建设数据仓库。数据仓库和数据集市建立的先后次序之分，是和设计方法紧密相关的。而数据仓库作为工程学科，并没有对错之分。数据仓库与数据集市的区别见表 3-1。

表 3-1 数据仓库与数据集市的区别

	数据仓库	数据集市
数据来源	内部的和外部的非集成操作系统	数据仓库
范围	企业级	部门级或组织级
主题	企业主题	部门或特殊分析主题
数据粒度	最细粒度	较粗粒度
数据结构	规范化结构	星形结构、雪片结构
历史数据	大量历史数据	适度的历史数据
优化	处理海量数据、数据探索	便于访问和分析、快速查询
索引	高度索引	高度索引

3.2 维度建模

维度建模（Dimensional Modeling）是数据仓库建设中的一种数据建模方法，是可以将数据结构化的一种逻辑设计方法，其最简单的描述就是按照事实表、维表来构建数据仓库和数据集市。

3.2.1 事实表与维表

（1）事实表的构建

维度模型是围绕着度量过程建立的。一个度量指的是对先前未知值的观察。度量基本都是数值型的，而且大部分度量都可以随着时间重复，这构成了时间序列。

一次度量构建一条单独的事实表记录。相对的，一条事实表的记录对应一次特定的度量事件。很明显，观察到的度量将存储在事实表记录中，但我们同时还要将度量的上下文信息存储在同一条记录中。当然，尽管我们可以将这些上下文信息直接存储在事实表记录中，但更多的时候是通过创建一系列的维表将这些上下文的属性规范化地存储到事实表之外，也就是构建一系列的维表，这组维表可以看作是"上下文簇"。

例如，如果某个度量是某次保费登记的数额，具体的相关信息包括某个保险公司登记的某个保单、某个客户、某个代理、某个险种（如碰撞伤害）、某个保险项目（如汽车）、某个交易类型（如确定保费）、在某个日期生效，那么与事实记录相关的维度就包括保单、客户、代理、险种、项目、交易类型和生效日期等。图3-5描述了这个例子。

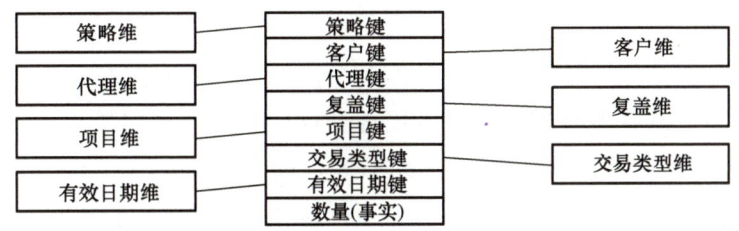

图3-5 某项登记

事实表的所有度量值必须具有相同的粒度。最可用的事实是诸如账户余额这样的数字类型为可做加法的事实。可加性是至关重要的，因为数据仓库应用不仅只检索事实表的单行数据，相反，数据仓库往往一次性带回数百、数千乃至数百万行的事实，并且处理这么多行的可用事实就是将它们累加起来。

事实表的粒度定义了构成事件表的记录级别。在维度模型的规范中，粒度是在业务术语设计阶段而不是数据库术语设计阶段进行定义的。在上述保险的例子中，粒度应该是保险保单交易，在后续的设计过程中，当可用的维度确定之后，粒度通常以事件表的键的方式来描述。键的描述中将包含一些但通常不是全部的与事实表关联的维度的外键引用。假设保险事实表的键是"保单 X 交易类型 X 时间"。

当然，有些事实是半加性质的，而另外一些是非加性质的。半加性事实仅沿某些维度相加，例如销售占比，周期余额；而非加性事实根本就不能相加，例如状态。对于非加性事实，如果希望对行进行总结就不得不使用计数或平均数，或者降为一次一行地打印出全部事实行。

度量事实在理论上讲可以是文本形式的，不过这种情况很少出现。在大多数情况下，文本度量值可以是某种事物的描述并取自某个离散列表的值。设计者应该尽各种努力将文本度量值转换成维度，原因在于维度能够与其他文本维度属性更有效地关联起来，并且消耗少得多的空间。不能将冗余的文本信息存放在事实表内。除非文本对于事实表的每行来说都是唯一的，否则它应该归属到维表中。真正的文本事实在数据仓库中是很少出现的，文本事实具有像自由文本内容那样的不可预见性，这几乎是不可能进行分析的。

事实表根据粒度的角色划分不同，可分为事务事实表、周期快照事实表、累积快照事实表。事务事实表用于承载事务数据，通常粒度比较低，例如产品交易事务事实、ATM 交易事务事实；周期快照事实表用来记录有规律的、固定时间间隔的业务累计数据，通常粒度比较高，例如账户月平均余额事实表；累积快照事实表用来记录具有时间跨度的业务处理过程的整个过程的信息，通常这类事实表比较少见。这里需要注意的是，在设计事实表时，一个事实表只能有一个粒度，不能将不同粒度的事实建立在同一张事实表中。

（2）维表的构建

维表是事实表不可分割的部分。如图 3-6 所示，维表包含业务的文字描述。在一个设计合理的维度模型中，维表有许多列或者属性，这些属性给出对维表的行所进行的描述。应该尽可能多地包括一些富有意义的文字性描述。对于维表来说，包含大量属性的情形并不少见。维表倾向于将行数做得相当少，而将列数做得特别大。维表应该只有一个主键（如图 3-6 中 PK 符号标记的部分），键值使用的是由 ETL 过程生成的无实际意义的整型值，这些值称作代理键。每个维表中的主代理键应该与事实表中对应的外键相匹配，当主—外键关系建立后，我们说表符合参照完整性。满足参照完整性是所有维度模型的基本要求。参照完整性管理失败，意味着一些事件表中的记录是孤儿记录，它们无法通过维度约束来访问。

维度属性是查询约束条件、成组与报表标签生成的基本来源。在查询与报表请求中，属性用 by 这个单词进行标识。例如，一个用户表示要按"产品合约编号"与"机构编号"来查看账户余额，那么"产品合约编号"与"机构编号"就必须是可用的维度属性。

```
┌─────────────────┐
│ 机构关键字(PK)   │
├─────────────────┤
│ 机构编号         │
│ 机构中文名称     │
│ 机构英文名称     │
│ 机构类别         │
│ 总行机构编号     │
│ 总行机构名称     │
│ 一级行机构编号   │
│ 一级行机构名称   │
│ 二级行机构编号   │
│ 二级行机构名称   │
│ 支行编号         │
│ 支行名称         │
│ 开业日期         │
│ 机构描述         │
│ 详细地址         │
│ 邮政编码         │
└─────────────────┘
```

图 3-6　维表示例

维表属性在数据仓库中承担着一个重要的角色。由于它们实际上是所有令人感兴趣的约束条件与报表标签的来源，因此成为使数据仓库变得易学易用的关键。在许多方面，数据仓库不过是维度属性的体现而已。数据仓库的能力直接与维度属性的质量和深度成正比。在提供详细的业务用语属性方面所花的时间越多，数据仓库就越好；在属性列值的给定方面所花的时间越多，数据仓库就越好；在保证属性列值的质量方面所花的时间越多，数据仓库就越好。

维表是进入事实表的入口。丰富的维度属性给出了丰富的分析切割能力。维度给用户提供了使用数据仓库的接口。维度属性通常是文本型或者离散的数值型，应该是真正的文字而不应是一些编码简写符号，应该通过用更为详细的文本属性取代编码，力求最大限度地减少编码在维表中的使用。有时候在设计数据库时并不能十分确定，从数据源析取出的一个数字型数据字段到底应该作为事实还是维度属性看待。通常可以这样作出决定，即看字段是一个含有许多的取值并参与运算的度量值（当事实看待），还是一个变化不多并参与作为约束条件的离散取值的描述（当维度属性看待）。

在维度类型中，有一种重要的维度称为退化维度（Degenerate Dimension），这种维度指的是直接把一些简单的维度放在事实表中而不专门去做一个维表。

退化维度是维度建模领域中一个非常重要的概念，它对理解维度建模有着非常重要的作用，退化维度经常会和其他一些维度一起组合成事实表的主键。退化维度在分析中可以用来做分组使用。

（3）事实表与维表的融合

在理解了事实表和维表之后，现在开始考虑将两个组块一起融合到维度模型中的问题。如图 3-7 所示，由数字型度量值组成的事实表连接到一组填满描述属性的维表——这个星型特征结构通常被叫作星型连接方案。该术语可以追溯到最早的关系型数据库时期。

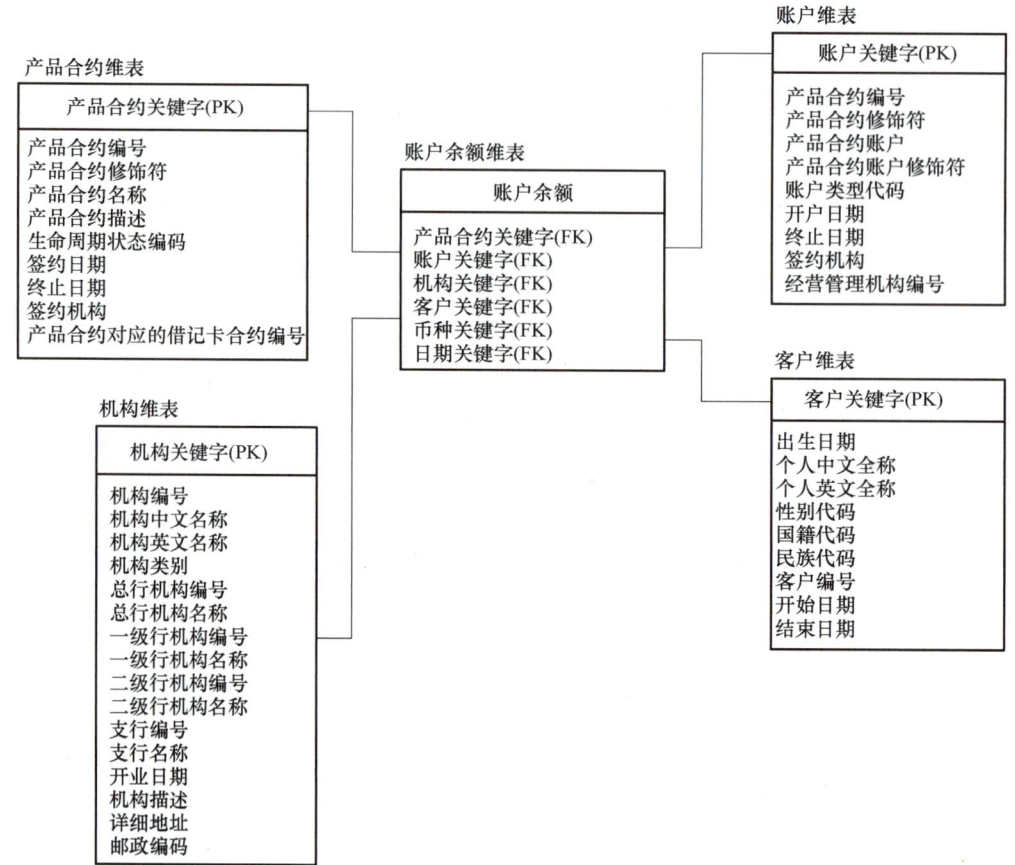

图 3-7　维度模型中的事实表与维表

关于其中用到的维度方案，应该注意的第一件事就是其简明性与对称性。很显然，业务用户会因为数据容易理解和浏览而从简明性方面受益。

维度模型的简明性也带来了性能上的好处。数据库优化器可以更高效率地处理这些连接关系较少的简单方案。数据库引擎可以采取的非常强劲的做法是，首先集中对建立了充足索引的维表进行约束（过滤）处理，然后用满足用户约束条件的维表关键字的笛卡尔乘积一次性处理全部的事实表。令人惊奇的是，利用这种方法只需使用一次事实表的索引，就可以算出与事实表之间的任意 n 种连接结果。

最后，维度模型能够很自然地进行扩展以适应变化的需要。维度模型的可预定框架能够经受住无法预见的用户行为变化所带来的考验。每个维度都是平等的，所有维度都是进入事实表的对等入口。这个逻辑模型不存在内置的关于某种期望的查询形式方面的偏向，不存在这个月要问的业务问题相对于下个月来说具有优先方面的考虑。没有谁会希望，如果业务用户采用新的方式进行业务分析，就要调整设计方案这样的事情发生。

(4)原子事实表和聚合事实表

我们知道维度模型是支持用户查询的最佳数据格式。有时会用到原子级别的某些元素，以实现数据在更高级别的展示。无论如何，我们需要存储原子级数据以满足用户的某些特定约束需求。通常情况下，业务人员不希望分析交易级的数据，因为每个维度的基数都是非常大的，以致任何原子级的报表都会有很多页，很难进行人工检查。但是，依然需要存储原子级的事实来产生用户需要的周期性快照。当用户需要原子级数据时，只是简单地将数据从集结区迁移到展示区就可以了。

在实践中，将集结区中的事实表进行分区是一个比较好的方法，因为原子数据的聚合通常是按照特定的时间周期进行的，如月或者季。创建分区表减少了数据库的全表扫描，可以直接基于包含某个时间周期的数据分区创建聚合。分区同样减少了清理或归档旧数据的负担，使用表分区可以很简单地删除表中包含旧数据的部分。

集结区中的按照维度模型设计的表很多时候需要用来生成 OLAP 立方体。或者，也可以实现一种混合结构，在维度型 RDBMS 模型中存储数据量很大的原子数据层，原子层之上日益增多的聚合结构按照 OLAP 立方体的方式进行存储。有些 OLAP 系统提供了钻透的功能，在单一应用中可以从 OLAP 立方体下钻到最低级别的原子数据。

(5)代理键映射表

代理键映射表用来建立各个源系统的自然键到主数据仓库代理键之间的映射，映射表是维护数据仓库代理键的一种非常有效的方法。这些表结构紧凑，专门用于高速处理。映射表中仅包含那些近期要访问的代理键值及其对应的源系统中的自然键值。由于同一个维度可以有不同的源，因此映射表中要为每个源的自然键创建单独的列。

映射表无论是存储在数据库还是文件系统中都同样具有高效率。如果使用数据库，可以利用数据库顺序号生成器来创建代理键，如果索引使用恰当，键值的查找会非常的高效。

由于键映射表并没有分析价值，因此，不能将其建在数据仓库的展示层，也不能暴露给最终用户。

3.2.2 规划和设计标准

同企业环境中其他的数据库相比，数据集市需要进行更多的管理和维护。有些集结区的管理像沙盒一样，开发人员可以随心所欲地创建、删除和修改表。自然，这种缺乏管理的环境下的故障诊断和影响分析要比正常的花更多时间，导致项目费用的增加。

数据集市必须是一个严格控制的环境。只有数据架构师才可以在数据集市中设计或修改表。所有的物理改变都应该是数据库来完成。而且，如果有一个开发人员需要某张表，那么有很大的可能出现另一个开发人员也会使用它的情况。因此，在创建一张表的同时，一定要考虑到由于某种原因这张表可能会被其他人以另外一种方式使用的问题。

（1）影响分析

影响分析的作用在于检查与对象（这里指的是表或者列）关联的元数据，并判断对象的变化对其内容和结构有何影响。对数据集结区对象的更改可能会破坏数据仓库的加载流程。允许任意修改数据集结区对象会对项目的成功造成危害。一旦在数据集结区中创建了表，在做任何修改之前，都必须进行影响分析。影响分析作为ETL的一项功能，是一个非常繁重的职责，因为源系统和目标数据仓库可能在不断的改变，但是只有ETL过程知道这些分散的元素是怎么连接的。在数据仓库依赖的任何系统发生变化时都需要进行相应的影响分析，能否顺利地完成影响分析，ETL项目经理、源系统DBA以及数据仓库建模小组之间的沟通至关重要。

（2）元数据捕获

根据上下文的不同，元数据有不同的含义。

元数据用于描述或支持其他的数据元素，涉及组成数据仓库的每个组件。在数据仓库的范畴里，数据集结区不是元数据资料库。然而，和数据集结区相关联的很多元数据元素却对数据仓库非常有价值，必须展示给最终用户。设计集结数据库时使用数据建模工具可以可视化地展示元数据，数据建模工具在它自己的资料库中存储这些可用的元数据。另外使用ETL工具会生成关于过程的元数据，并能够对其中的所有转换过程进行展示。从集结区衍生出来的元数据类型包括：

数据谱系：所有数据仓库元数据库中最有趣的元数据可能就是数据谱系，或者称为逻辑数据映射。它阐述了数据元素从原始数据源到最终数据仓库目标之间是如何转换的。

业务定义：数据集结区中创建的所有表都是从业务定义中衍生出来的。业务定义可以从很多地方获得，包括数据建模工具、ETL工具、数据库自身或者电子表格和Word文档。无论如何，需要使用在数据仓库展示层上获取业务定义来维持其一致性。

技术定义：尤其对于数据集结区，技术定义要比业务定义更普遍。如果没有文档记录，那么就意味着技术定义不存在。如果数据集结区中表的技术定义没有详细的文档，那么这张表将可能被一次次的重建，会在数据集结区中产生大量的数据重复，导致数据爆炸。技术定义应该描述数据元素的所有物理属性，包括结构、格式和位置。对集结区中所有表进行技术元数据文档化记录可以将不确定性降至最低，并提高重用性。

过程元数据：过程元数据是指数据仓库表加载过程中的统计。数据集结区表加载过程的统计必须和过程元数据一起记录，尽管数据集结区表加载过程的信息不需要展示给最终用户，但是ETL小组需要知道每个表中加载了多少记录，每个过程成功或失败的统计结果。而数据刷新频度方面的信息对 ETL 管理员和最终用户都是有用的。

数据集结区中所有的表和文件都应该由 ETL 架构师来设计。元数据必须很好地记录成文档。数据建模工具提供的元数据捕获功能将会减少文档的工作量。在设计集结区表时应该使用数据建模工具来捕获相应的元数据，要记住从工具中获得的面向结构的元数据大约会占 25%，另外 25% 的元数据描述数据清理，而过程元数据将占 50%，请确认所选用的 ETL 工具能够提供所需要的统计信息。至少要提供每个过程的插入行数、更新行数、删除和拒绝行数等信息。另外，过程的开始时间、结束时间、持续时间不需要编码就可以得到。

（3）命名规则

ETL 小组不应该替数据仓库小组开发命名规则，相反地，他们应该使用数据仓库架构师所定义的命名规则，最佳实践的建议是集结区使用与数据仓库其他部分相同的命名规则。但是，因为数据集结区中有很多数据元素是不出现在展示层中的，因此很有可能没有针对它们的命名标准。这个时候，需要与数据仓库小组和 DBA 组一同工作，在命名规则中增加针对数据集结区特有的命名规则。很多 ETL 工具和数据建模工具坚持展示很长的字母顺序的表名列表。开发者需要非常仔细地对表名进行分组，使其在字母排序时在一起。

（4）审计数据转换步骤

在复杂的 ETL 系统中，数据转换体现了复杂的业务规则。如果需要对系统中的全部数据转换过程进行全程审计，至少要包含下述列表中的任务：

1）用代理键代替自然键。

2）对实体进行组合和剔重。

3）对维度的常用实体进行规格化。

4）对计算进行标准化，创建规格化的 KPI。

5）在数据清洗过程中对数据进行更正和强制转换。

在一个多变的环境中，源系统的数据在不断的改变，数据仓库要求要有能力证明数据的准确性。在这种情况下，ETL 过程必须维护在数据清理阶段之前的数据快照。当数据被 ETL 过程修改（清洗）过，在操作前的数据为了审计的需要必须保留。此外，所有数据清洗逻辑的元数据必须不通过代码就可以访问。原始的源数据、数据清洗元数据和最终的维度数据必须一同发送来支持对数据清洗转换的质疑。

在数据集结区存储抽取数据的快照可以满足审计的需要。处理前后的数据快照与数据清洗逻辑的元数据共同描述了在数据仓库中数据是如何演变的，提供了数据质量的可信度。

3.2.3 关系模型和多维模型

关系模型是数据仓库设计的基础。它是一种基于关系理论的模型,用于描述数据之间的关系和结构。在关系模型中,每个实体都是一个对象,每个属性都是实体的特性。在数据仓库中,关系模型通常以表格的形式存在,每个表都代表一个实体,每个列都代表一个属性。

多维模型是一种用于数据分析和决策支持的数据组织方式。它通过将数据放入多维空间中,以便更好地进行数据分析和理解。在多维模型中,数据通常被划分为多个维度,每个维度代表一个属性或特征。

关系模型和多维模型在数据仓库中是相互关联的。关系模型用于描述数据之间的关系和结构,而多维模型则用于数据的分析和决策支持。在实践中,通常先通过关系模型的设计,将数据进行规范化和结构化处理,然后再将数据放入多维模型中进行数据分析和决策支持。

在数据仓库的设计过程中,选择合适的模型是至关重要的。对于需要频繁进行数据查询和分析的场景,可以选择关系模型进行数据的组织和管理;对于需要进行复杂的数据可视化和决策支持的场景,可以选择多维模型进行数据的组织和分析。同时,也可以使用多种模型的组合,以实现更复杂的数据管理和分析需求。

(1) 关系模型

关系型数据库设计首先要创建一张数据表,表中每一行包含不同的列。图 3-8 给出一张简单数据表。

```
Column a
Column b
Column c
Column d
Column e
Column f
```

图 3-8　一张简单数据表

关系表可以包含不同的属性。每一数据列表示不同的物理特征。不同的列可以索引并作为标识符。部分列在执行过程中可以为空。所有列是根据数据定义语言(DDL)标准定义的。

数据库设计的关系型方法始于 20 世纪 70 年代,并通过关系型执行技术如 IBM 和 DB2、Oracle 的 Oracle DBMS 产品,Teradata 的 DBMS 产品等,得到更广泛的建立和应用。关系模型通过使用关键字和外键在不同行的数据间建立关联。关系模型自带一种结构化查询语言(SQL),这种语言作为程序和数据间的接口语言而得到广泛应用。

图 3-9 表示了一个标准的关系型数据库设计。

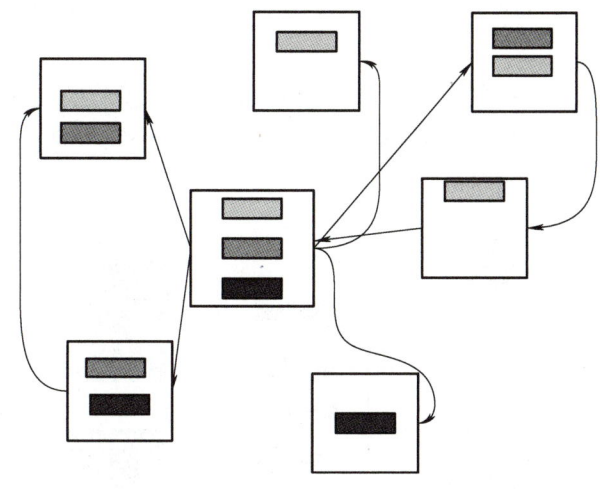

图 3-9　一个标准的关系型数据库设计

如图 3-9 所示，有几种不同的数据表，通过一系列外键关键字相互关联。外键关键字关联是指在两张数据表中存在同一数据单元的基本关联，如图 3-10 所示。

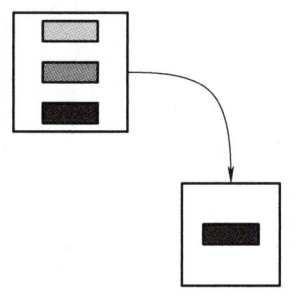

图 3-10　一个外键关键字关联

通过这个相同的数据单元，可以将两行以上的数据联系起来。例如，假设有两行数据的同一列上都有值"Bill Inmon"。这两行就通过这个公共值关联起来。

关系型数据以一种称为"标准化"的形式存在。数据标准化是指数据库设计会使数据分解成非常低的粒度级。标准化的数据以一种孤立的模式存在，这种情况下对数据表里的数据关系要求很严格。当进行标准化时，表中的数据只能与这张表里的其他数据关联。标准化基本分为 3 级：第一级标准形式，第二级标准形式和第三级标准形式。

数据仓库的数据库设计关系模型取值是有规律的，并且含义明确，只使用标准化数据的细节级数据。也就是说，通过关系模型产生的数据仓库的设计是很灵活的，数据元可以以多种方式重新赋值。

灵活性是关系模型最大的优势,其次是多功能性。因为细节数据需要被收集到一起并且能够结合,因此基于关系模型的数据仓库的设计可以支持数据的多种视图。

(2)多维模型

建立数据仓库的另一种数据库设计方法通常被认为是多维模型方法。多维模型方法也叫作星形连接。多维模型方法的支持者是 Ralph Kimball 博士。数据库设计多维模型方法的中心是星形连接,如图 3-11 所示。

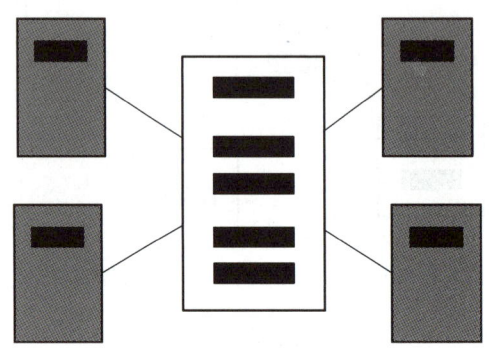

图 3-11　星形连接

关于多维数据库设计 Kimball 方法更详尽的内容请参看 Kimball 博士的相关书籍和文章。之所以称为星形连接是因为它的表示方法是以一颗"星"为中心,周围围绕着其他数据结构。如图 3-12 所示,星形连接包含多种不同成分。

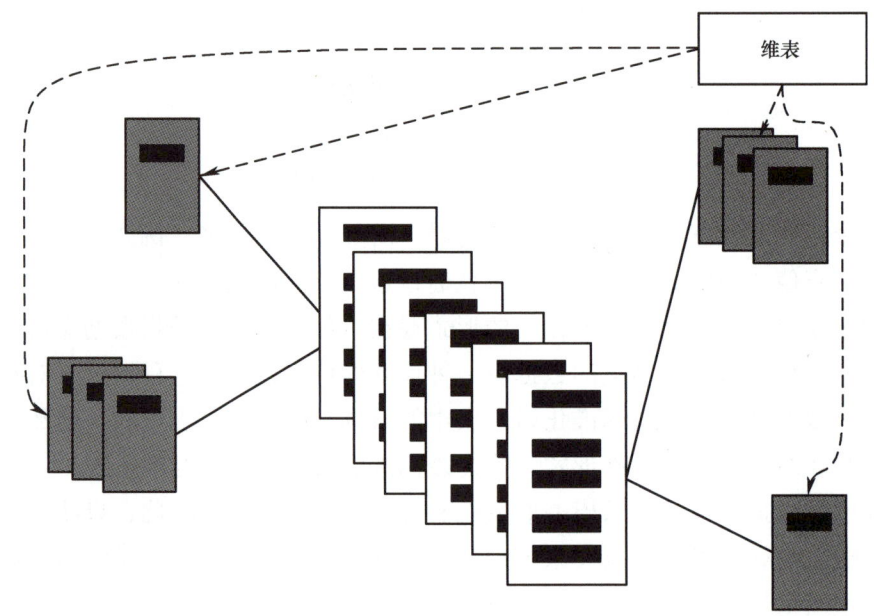

图 3-12　星形连接的组成

第 3 章 数据集市

图 3-12 表明在星形连接的中心是一张事实表。事实表是包含大量数据值的一种结构。事实表的周围是维表，用来描述事实表的某个重要方面。维表里的数据量要比事实表里的少。

事实表中的很多典型值可能是某一部分的命令。事实表也可能包含一个顾客的来访次数，或者代表某次银行交易。总之，事实表包含的是那些多次出现的数据。维表包含相关的但独立的信息，如公司日程表、公司价格表、存储位置、平均订单出货量等。维表表示一些与事实表相关的重要但起辅助作用的信息。事实表与维表通过存在的公共数据单元相关联。例如，事实表包含数据"第 21 周"，维表中则包含关于"第 21 周"的信息。

（3）雪花结构

通常，星形连接只包含一张事实表。但是在数据库设计中要创建一种雪花结构的复合结构需要多张事实表结合。图 3-13 描绘了一个雪花结构。

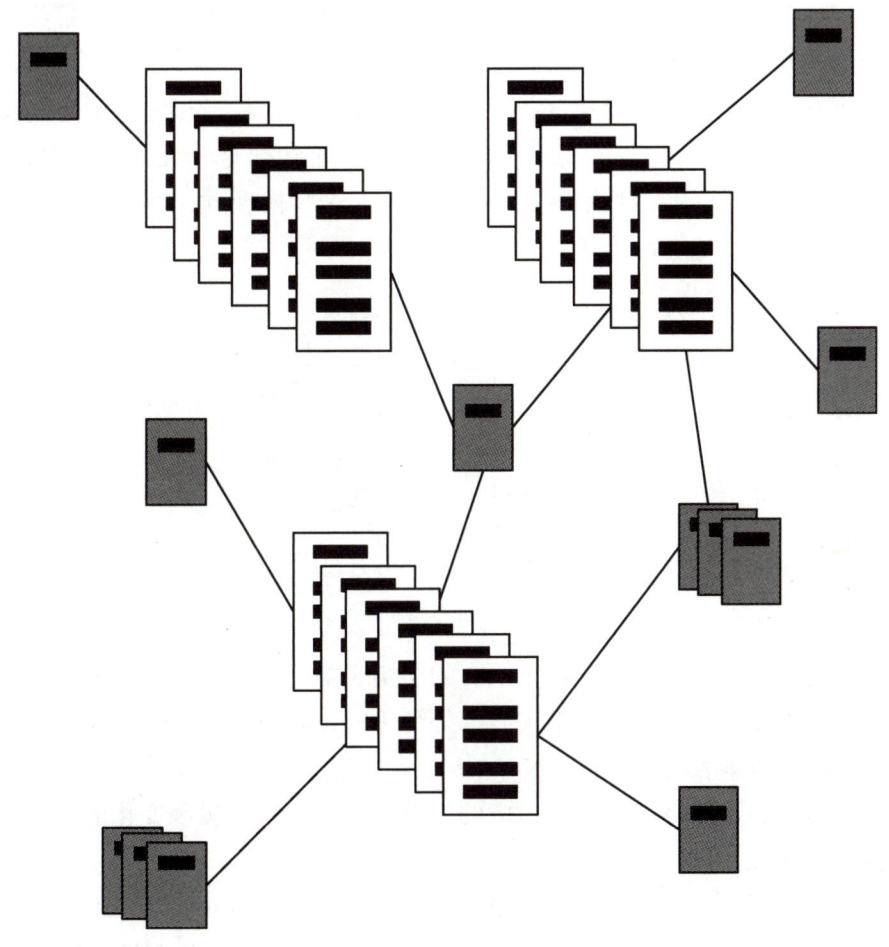

图 3-13　雪花结构

在雪花结构中，不同的事实表通过共享一个或多个公共维表连接起来。有时称这些共享的维表为一致维表。雪花结构隐含的另一个想法是将事实表和维表结合起来，形成一个类似于雪花结构的形式。

多维模型设计的最大优点在于访问的高效性。当设计适当时，通过星形连接将数据传递给最终用户是非常高效的。为了提高传递信息的效率，必须收集并吸收最终用户的请求。最终用户使用数据的过程是要定义什么样的多维结构的核心。一旦清楚了最终用户的请求，这些请求就可以用来最终确定星形连接，形成最理想的结构。

3.2.4 维表

维表提供了事实表的上下文。虽然维表通常比事实表小得多，但它却是数据仓库的核心，因为它提供了查看数据的入口。建立数据仓库其实就是建立维度。因此 ETL 团队在提交阶段的主要任务就是处理维表和事实表，将最有效的应用方式提交给最终用户。

（1）维度的基础框架

物理上所有的维度都应当是图 3-14 所示组件的最小子集。主键（Primary Key，PK）是指包含了一个无意义的、唯一标识数字的字段。通常把这个无意义的数字称为代理（Surrogate）。数据仓库 ETL 过程常常要创建和插入这些代理键。换句话说，数据仓库拥有这些代理键值但并不把它赋给任何实体。

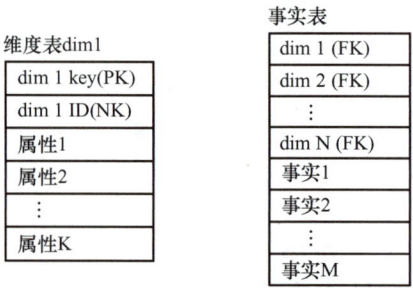

图 3-14　维表的基础结构

维度的主键用于连接事实表。由于所有的事实表都必须保持查找表的参照完整性，因此维表的主键所连接的字段就成为事实表的外键（Foreign Key，FK）。所有维表将其他的一个或多个字段组成维表的自然键（Natural Key，NK）。当维表是静态的并且不随时间变化时，那么代理键和自然键就是一一对应的关系。但有些维是缓慢变化的，通过为每个自然键产生多个代理键，可以记录维度信息的历史变化。

维度的组成除了主键和自然键外，还有描述属性（Descriptive Attributes）。描述属性主要是文本型的，但也有数值型的。数据仓库架构中对维度会有大量的描述属性，如员工、客户、产品等。在某个维度中包含 100 个描述属性也不意外，只是希望这些属性都来自于干净的数据源。

数据仓库架构中对于周期性出现的指标量不应当出现在维表中，这些指标量通常出现在事实表中，而非描述属性。所有的描述属性应当是静态的，或者变化很慢，偶尔才发生变化的。指标事实和数值型属性之间的区别并不像听起来那么复杂。例如，产品的单价经常是两种角色都会有，在最后的分析中，并不在乎是何种角色，在应用中可能会根据要求的不同而有所差异，但其信息内容却是相同的。但是如果单价是缓慢变化的，两种选择的差异就会重要得多。随着变化的频度加快，将会更倾向于指标量作为事实。

（2）生成维度的代理键

通过关系型数据库创建代理键可能是目前最普遍的使用方法。但是，这种趋势正在发生变化。过去，经常是通过数据库触发器创建和插入代理键的。后来发现触发器在 ETL 过程中会带来严重的瓶颈，应当从进程中清除。而代理键作为数字型能够被接受，这些整数能够直接被 ETL 过程调用。数据库中的 ETL 过程比起数据库触发器，更大地提高了 ETL 的性能。但是，使用数据库产生代理键基本上不能保证产生的键值在数据仓库的各个环节，即开发、测试和运营环节保持同步。由于不同环节在不同阶段加载，缺乏同步性会导致测试阶段开发者和用户之间的混淆。

（3）维度的粒度

维度建模人员常常使用维度的粒度（Grain）这一概念。这意味着，对数据仓库架构和 ETL 团队而言，在业务上分析某个数据源，定义维度的键值，确保此数据源相对应的粒度定义是一个挑战。常见的例子就是商业客户维度。简单地讲此维度的粒度是客户，可以肯定的是给定了某个数据源文件，那么数据的粒度一定是由某些字段构成的。源文件中的数据异常和细微差别极有可能破坏最初对粒度的假设。

（4）维度的基本加载计划

有些维度完全是由 ETL 团队建立的，没有依赖外部的数据源，它们通常是将操作代码转化为文本的小型查找维度。这种情况下并没有真正的 ETL 过程。而这个小的维表生成一个关系表的最终形式。

真正重要的维度抽取是从一个或多个数据源开始的。我们已经描述过 ETL 数据流的 4 个步骤。这里有一些与维度相关的特别的想法。

对于比较大的、复杂的维度数据，例如客户、供应商、产品等往往是从多个数据源多次抽取而来的。这需要注意识别跨数据源的相同维度实体，解决不同描述之间的冲突，以及在不同时间点的维度更新。

数据清洗（Cleaning）包含了对数据的清洗，解决冲突（确认输送数据维度），应用业务规则以建立数据一致性的全部步骤。对于一些简单的维度，可能不会完全应用这些模块。但对于像员工、客户、产品等重要的、大的维度，数据清洗模块就显得非常重要了，如列的有效性校验、跨列的值检验、行的去重等。

数据的规范化（Conforming）包含了整理数据仓库不同部分的相同或者相似维度字段的过程。如果事实表记录的是计费交易和客户支持信息，那么这些事实表有可能都有自己的客户维度。在大型企业，原始的客户维度可能很不一样。更糟的是，计费客户维表和客户支持客户维表的数据结构都不一致，这时候就需要有一个规范化过程整理两个客户维表的字段，共享相同的域。

最后，维度提交需要管理缓慢变化维（SCD）问题，以正确的主键在适当的维度格式（包含正确的主键、正确的自然键，以及描述属性）中作为物理表将维度写入磁盘。创建和赋值代理键的过程就处于这个阶段。

（5）扁平维度和雪花维度

维表应当是非规范化的扁平表。所有的层系和规范化结构在最后都应当扁平化。维度的实体必须有唯一的值与维表主键对应。大多数实体应当是中度或低度基数。如果早期的维表是第三范式的，那么得到规范化维表比较容易，通过简单的查询就可以实现。如果所有的数据关系在数据清洗过程已经整理过，那么在维表的扁平化过程中可以保留这些关系。在维度模型中，数据清洗步骤独立于数据分发步骤，这样最终用户不必面对复杂的规范化结构。一些复杂的维度，如商店、商品维度等，具有多个并行、内置的层系结构是很正常的。例如，商店维度可能既有地区层系，包含地址、城市、县、州等，又有商品销售区域层系，包括地址、区域等。这两个层系共存于相同的商店维度。每个属性有唯一的值对应于维表主键。

如果维表规范化，并且层系的不同层次之间遵循多对一的关系，那么层系就创建了一个雪花型的结构。

（6）日期与时间维

实际上每个事实表都有一个或多个与时间相关的外键。度量的值发生在某个时间点，并且会随时间多次发生。

最常见有用的时间维度就是日历日期，粒度到天。只有少数属性（如月、年）才会直接由 SQL 语句的日期表达式生成。节假日、工作日、财务期、月末标志以及其他的标志属性应当内嵌在日历日期维度中，并且通过在实际应用中利用日期维度实现全部日期标志。日历日期维度有一些很不寻常的属性，完全是在数据仓库项目一开始就指定的。它们通常没有常规的数据源。创建日历日期维度最好的办法就是花一个下午手工建立一个日期表，十年的数据也不超过 4000 行。

每个日历日期维度都需要一个日期类型属性和一个完整的日期描述属性。日期类型属性几乎都有日期型值，但也包括一些不是日期型或者数据有所损坏的情况。对于这些特殊数据的事实表外键必须指向日期表的非日期类型。日期维表中需要这些特殊记录，但需要根据不同的情况加以区分。对于非日期的情况，日期类型值是"不适用"或"NA"。完整的日期属性是一个时间戳，有些情况下空值是合法的。但是事实表的外键不可能是空值，因此从定义上违背了参考一致性。理想情况下日历日期主键应当是无意义的代理键，但很多 ETL 团队仍然将可读的值作为键值，如 20040718 的意思是 2004 年 7 月 18 日。

在应用时不引用维表而是直接表述，因为它不是一个有效的时间值。即使主代理键是无意义的整数，我们也建议对日期代理键按照顺序赋值，使日期维表的日期键值以 0 开始。这使得事实表基于日期维表能够按日期分区。换句话说，事实表的最早日期数据可能在某个物理位置上，而最新日期数据则在另一个位置上。分区也使 DBA 便于为删除和重新引用的最新数据建立索引，从而加快加载进程。最后，对于不适合日期表述值的代理键数值可以是一个比较大的值，方便这些记录总在活动分区上。

尽管日期维度是最重要的时间维度，但我们仍然需要一个月维度，因为事实表的时间大多是基于月的。有时候，我们可能还需要建立周、季度、年等维度。月维度应当是一个物理独立的表，从日期维度中选择创建。例如，从日期表中提取每月的第一天和最后一天作为月维表的基础。也有可能基于日期维表创建一个视图来实现月维表，但一般来讲不推荐这种方式。这样的视图会造成比生成物理表更大的查询，同时，这种视图能应用于日期维表，但却不能应用于客户或产品维度。例如，不能基于产品维度建立一个品牌视图，因为并不知道哪些产品永久地属于一个品牌。

3.2.5 事实表

事实表装有企业的度量数据。事实表与度量的关系非常简单。如果存在一个度量，则它可以被模型转化为事实表的行。如果事实表的行存在，则它就是一个度量。

那么什么是度量呢？一个关于度量通用的定义是：通过工具或比例等级可以测量观察的数量值。

在维度建模时，有意识地围绕企业的数字度量创建数据库。事实表包含度量，维表包含关于度量的上下文。这种关于事物的简单视图被一次又一次的证明是最终用户直观理解数据仓库的方式。这也是为什么通过维度模型打包和提交数据仓库内容的原因。

（1）事实表基本结构

每一个事实表通过表的粒度来定义。事实表的粒度是事件度量的定义。设计者必须自始至终按照度量如何在现实世界中理解来规定事实表的粒度。通常来说，并不从定义这些字段的粒度开始，而是将粒度表示成维度的外键和事实表的某些字段。粒度定义必须按照现实的、物理的度量意义来定义，然后才考虑维度和事实表中的其他字段等其他因素。

所有的事实表包含了一组关联到维表的外键，而这些维表提供了事实表度量的上下文。大多数的事实表还包括一个或者多个数值型的度量字段，我们称之为事实（Fact）。某些事实表中还包含一个或者多个特殊的近似维度字段，他们是在上一节中介绍的退化维度（Degenerate Dimensions）。退化维度存在于事实表，但是他们不是外键，不关联任何真正的维表。

在现实实践中，事实表一般都至少包含3个维度，而且绝大多数包含更多的维度。由于过去的20年中，随着数据仓库以及相应的软、硬件技术的成熟，事实表技术有了很大的提高，可以存储越来越多的最细粒度上量测值。越来越少的度量，越来越多的维度。在最初的零售数据仓库中，数据集仅仅是粗粒度的聚合值。这些早期的零售数据仓库通常只有3~4个维度（产品、市场、时间和促销）。现在，一个单独的销售交易中很轻易就包含了10个维度（日历日、产品、商店级别的现金账簿、客户、员工、商店经理、价格范围、促销折扣、交易类型和付款方式）。更多的事实上，每个事实表都包含一组由表中的字段定义的主键。在图3-15中，事实表一个可能的主键是由两个退化维度：发票号（Ticket Number）和行号（Line Number）组成的联合键。这两个字段唯一地定义了出纳登记簿上的单个商品的度量事件。另外一个可能的等价主键是时间戳和出纳登记簿的组合。

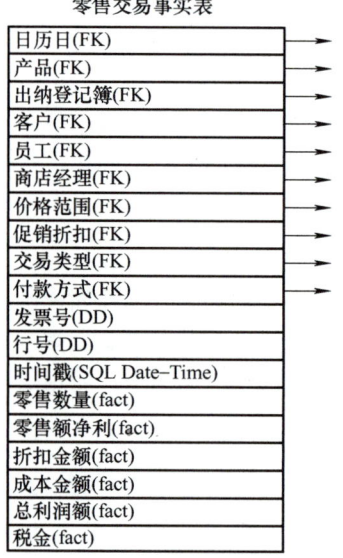

图3-15　最细粒度的销售交易事实表

如果在设计时没有给予足够的注意，那么就可能违反事实表上主键的假设：在同一个时段可能会发生两个同样的度量事件,但是数据仓库团队却没有意识到这一点。显然,每个事实表应该拥有一个主键,即使仅仅是出于管理的需要也应该在事实表设立主键。如果没有主键完整性,那么事实表中有可能存在两个或者更多一样的记录,而且没有办法按照独立的量测事件来区分它们。但是只要 ETL 团队保证单独的数据装载合理地表示唯一的量测事件,通过在装载时为数据增加唯一的序号就可以在事实表中唯一标识记录。尽管唯一的序号和业务没有关联,而且不应该发布给最终用户,但是它在管理上保证了一个单独和可能量测的发生。如果 ETL 团队不能够保证单独加载表示的是合法独立的量测事件,那么在数据加载时数据上必须已经正确地定义了主键。

前面的例子表明需要所有的 ETL 作业可以在发布或者发生错误时有再次运行的能力,以保证不会错误地更新目标数据库。在 SQL 语法中,更新不变化的值通常是安全的,但是更新增量的值是危险的。如果主键已经强制定义,那么插入是安全的,因为插入重复的值会触发错误。如果限制是基于简单字段值,那么通常来说删除也是安全的。

(2)确保参照完整性

在维度模型中,参照完整性意味着事实表中的每个字段使用的是合法的外键。换句话说,没有事实表记录包含了被破坏的或者未知的外键参照。在维度模型中有两种情况可能会导致违反参照完整性,包括加载包含了错误外键的事实表记录,以及删除了维表记录,而其主键在事实表中被使用。

如果没有注意参照完整性,那么就会非常容易破坏它。编者曾经研究了很多没有严格保证参照完整性的事实表。每个案例中都能够发现严重的冲突。一个事实表记录违反参照完整性(记录中包含一个或者多个外键)是非常危险的。设想一下,一条合理的记录正确地记录了量测事件,但是不正确地存储在数据库中,那么任何使用了坏维度的事实表查询将不能包含该记录,因为按照定义,维表和该事实表记录的关联不会发生。但是在动态聚合中忽略该坏维度的查询结果却包含了这条记录。

(3)代理键管道

在建立事实表时,最终的 ETL 步骤是将新数据记录的自然键转化成正确的、当期的代理键,换句话说,我们需要为每个维度实体(如客户或者产品)使用当前的代理键。我们将理论上可以通过在每个维表中获取最新的记录来为自然键获得当前的代理键,这在逻辑上是正确的,但是效率很低。替代方法是为每一个维度维护一个专门的代理键查找表,这张表在新的维度实体创建时或者记录在发生类型 2 缓慢变化维度 2 的更新时被更新。

维表在插入或者缓慢变化维度 2 更新发生之后,在处理事实表之前,这个维表必须被完全的更新。在更新事实表之前的维表更新过程是维护维表和事实表参照一致性的一般过程。反向过程在删除记录时发生,首先我们删除不需要的事实表记录,然后删除不再联结到事实表的维度记录。

不必因为事实表不再参照该记录而删除维表记录。即使事实表中没有引用该维度实体，维度实体也可能需要存在或者保存在维表中。

当更新维表时，不仅要更新所有的维表记录，还要更新存储当期的数据仓库键和自然键关联关系的代理键查找表。

（4）基础粒度

由于事实表中存储了企业中所有的数值度量，可以猜想那会有很多的事实表类型。事实表可以归入 3 种基础类型。我们强烈推荐在每次设计时坚持使用这 3 种简单的类型。设计者通过混合使用这些简单类型构造更复杂的结构时，实际上是将避免发生严重错误的巨大负担推给了最终用户的查询工具和应用。换句话说规则是每个事实表应该有且只有一个粒度。

这 3 种事实表类型是：交易粒度、周期快照和聚合快照。

3.2.6　维度建模设计过程

（1）选取业务处理

业务处理过程是机构中进行的一般都由源系统提供支持的自然业务活动。听取用户的意见是选取业务处理过程的效率最高的方式。在选取业务阶段，数据模型设计者需要具有全局和发展的视角，应该在理解整体业务流程的基础上，从全局角度选取业务处理。

要注意的是，这里谈到的业务处理过程并不是指业务部门或者职能。通过将注意力集中放在业务处理过程方面，而不是业务部门方面，能够在机构范围内更加经济地提交一致的数据。如果建立的维度模型是同部门捆绑在一起的，就无法避免出现具有不同标记与术语的数据拷贝的可能性。多重数据流向单独的维度模型，会使用户在应付不一致性的问题方面显得很脆弱。确保一致性的最佳办法是对数据进行一次性的发布。单一的发布过程还能减少 ETL 的开发量，以及后续数据管理与磁盘存储方面的负担。

（2）定义粒度

粒度定义意味着对各事实表行实际代表的内容给出明确的说明。粒度传递了同事实表度量值相联系的细节所达到的程度方面的信息。它给出了后面这个问题的答案："如何描述事实表的单个行？"

粒度定义是不容轻视的至关重要的步骤。在定义粒度时应优先考虑为业务处理获取最有原子性的信息而开发维度模型。原子型数据是所收集的最详细的信息，这样的数据不能再做更进一步的细分。通过在最低层面上装配数据，大多原子粒度在具有多个前端的应用场合显示出其价值所在。原子型数据是高度维结构化的。事实度量值越细微并具有原子性，就越能够确切地知道更多的事情，所有那些确切知道的事情都转换为维度。在这点上，原子型数据可以说是维度方法的一个极佳匹配。

原子型数据可为分析方面提供最大限度的灵活性，因为它可以接受任何可能形式的约束，并可以以任何可能的形式出现。维度模型的细节性数据是很稳定的，并随时准备接受业务用户的特殊攻击。

当然，可以给业务处理定义较高层面的粒度，这种粒度表示最具有原子性的数据的聚集。不过，只要选取较高层面的粒度，就意味着将自己限制到更少或者细节性可能更小的维度上了。具有较少粒度性的模型容易直接遭到深入到细节内容的不可预见的用户请求的攻击。聚集概要性数据作为调整性能的一种手段起着非常重要的作用，但它绝对不能作为用户存取最低层面的细节内容的替代品。遗憾的是，有些权威人士在这方面一直显得含糊不清。他们宣称维度模型只适合于总结性数据，并批评那些关于维度建模方法可以满足预测业务需求的看法。这样的误解会随着细节性的原子型数据在维度模型中的出现而慢慢地消逝。

（3）选定维度

维度所引出的问题是："业务人员将如何描述从业务处理过程所得到的数据？"应该用一组在每个度量上下文中取单一值而代表了所有可能情况的丰富描述，将事实表装扮起来。如果对粒度方面的内容很清楚，那么维度的确定一般是非常容易的。通过维度的选定，可以列出那些使每个维表丰满起来的离散的文本属性。常见维度的例子包括日期、产品、客户、账户和机构等。

（4）确定事实

设计过程的最后一步，在于仔细确定哪些事实要在事实表中出现。事实的确定可以通过回答"要对什么内容进行评测"这个问题来进行。业务用户在这些业务处理性能度量值的分析方面具有浓厚的兴趣。设计中所有供选取的信息必须满足在第二步中定义的粒度要求。明显属于不同粒度的事实必须放在单独的事实表中。通常可以从以下 3 个角度来建立事实表：

1）针对某个特定的行为动作，建立一个以行为活动最小单元的粒度事实表。最小活动单元的定义依赖于分析业务需求。如用户的一次网页点击行为、一次网站登录行为、一次电话通话记录。这种事实表主要用于从多个维度统计行为的发生情况，主要用于业务分布情况、绩效考核比较等方面的数据分析。

2）针对某个实体对象在当前时间上的状况。对这个实体对象的不同阶段存储它的快照，如账户的余额、用户拥有的产品数等，通过这些快照可以统计实体对象在不同的生命周期中的关键数量指标。

3）针对业务活动中的重要分析和跟踪对象，统计在整个企业不同业务活动中的发生情况。例如会员，可以执行或参与多个特定的行为活动。这种事实表是以上两种事实表的一个总结和归纳，它的主要功能是对我们业务中的活动对象进行跟踪和考察。

3.2.7 维度建模的原则与常见疏忽

维度建模需遵循以下原则：

1）载入详细的原子数据到维度结构中。

2）围绕业务流程构建维度模型。

3）确保每个事实表都有一个与之关联的日期维表。

4）确保每个事实表中的事实具有相同的粒度。

5）解决事实表中多对多的关系。

6）解决维表中多对一的关系。

7）确定维表使用了代理键。

8）创建一致的维度集成整个企业的数据。

9）不断平衡需求和现实，提供用户可接受的、能够支持用户决策的 DW/BI 解决方案。

维度建模的常见疏忽：

1）把业务、业务需求与分析内容以及基本数据与支持技术等都看成是静态的。

2）仅将总结性数据加入到展示环节的维度中。

3）在孤立应用的基础上建立维度模型，而没有考虑采用一致的维度将这些模型捆绑在一起。

4）把展示的环节假定为可查询的数据，做得过于复杂。

5）把注意力放在了后台的作业性能和容易开发上，而不是放在前台的查询性能与容易使用上。

6）将精力全部投入到构造规范化数据结构中，而忽视了建造一个基于维度模型的可行的展示环节。

7）将过多的心思放在技术和数据上，而不关注业务的要求和目标。

3.3 小结

本章首先介绍了各种类型数据集市的相关概念，然后从数据集市的体系结构、设计、维度建模这 3 个方面讨论了数据集市的基本问题。

数据集市是一个从操作的数据源和其他的为某个特殊的专业人员团体服务的数据源中收集数据的仓库，是一个集成的、面向主题的数据集合，其设计的目的是支持 DSS 功能。根据数据来源的不同，数据集市可以分为独立型数据集市和从属型数据集市。

数据集市为特定对象服务，而数据仓库包含了全面的数据。因此，数据集市可以认为是从数据仓库中选取的、符合特定主题的数据集。在成本上，数据集市要低于数据仓库，而在泛用性上则是数据仓库更优。

数据集市的设计离不开维度建模，它是数据仓库建设中的一种数据建模方法，是一种可以将数据结构化的逻辑设计方法。维度建模的过程实际上就是按照事实表、维表来构建数据仓库和数据集市。维度建模将信息组织到结构中，这些结构通常对应于分析者希望对数据仓库数据使用的查询方法。

第 4 章 指标设计及展现

学习目标

通过本章学习，你将能回答以下问题：
- 什么是指标体系？指标体系的分类？如何搭建有效的指标体系？
- 如何进行元数据管理？
- 如何满足最终用户的需求？
- 商业智能工具如何帮助我们更好地展示和分析指标？
- 探索性数据仓库在指标设计中的独特价值是什么？
- 可视化技术在指标展现中的重要性是什么？

在数字化时代，数据指标是衡量组织运营状态和业务绩效的标尺。构建科学合理的指标体系需要深入理解业务需求，形成一套完整的元数据管理方案。同时，还需要关注最终用户的需求，通过商业智能等工具，快速地整合不同来源的数据，进行多维度的分析，生成可视化报表。而可视化技术则进一步增强了数据的可读性和易用性。

4.1 指标体系的概念及分类

指标体系是指根据不同研究目的的要求和研究对象的特征，把客观上存在联系的，说明经济、社会现象性质的若干个指标，科学地加以分类和组合形成的统计指标体系。通过对指标业务定义标准化在范围内达成对指标的理解和认识的统一。

分类是根据事物的特点，按照一定的方法将它们区分归类。根据不同的分类标准，指标体系可以分为多种类型。按照指标的性质，可以分为定量指标和定性指标；按照指标的来源，可以分为统计指标、评价性指标和经验性指标；按照指标的用途，可以分为描述性指标、预警性指标和目标性指标。指标体系是一个复杂的系统，其分类方式多种多样。除了上述提到的分类标准外，还可以根据指标体系所涉及的领域、对象和范围等进行分类。例如，按照涉及的领域，可以分为经济指标体系、社会指标体系和环境指标体系等；按照涉及的对象，可以分为国家指标体系、地区指标体系和企业指标体系等。

4.2 搭建指标体系的方法

搭建有效的指标体系是衡量和管理企业业务发展的关键。通过构建一套科学、全面的指标体系，企业可以更好地了解业务现状、定位问题、制定策略，并评估执行效果。搭建指标体系需要采用科学的方法和严谨的流程，下面将介绍搭建指标体系的具体方法步骤。

（1）把握主线，理清业务需求

在搭建指标体系时，搭建的方式主要有两个方向，分别是以公司业务线为主线和以产品运营为主线。

以公司业务线为主线的指标体系主要关注公司整体的经营绩效和战略目标。该体系的设计要紧密围绕公司的核心业务，确保指标能够全面反映公司的运营状况和市场竞争地位。在这个体系中，可以包括财务指标、市场份额和客户满意度等，以评估公司的整体表现和战略目标的实现情况。

以产品运营为主线的指标体系则更关注产品的生命周期和运营效果。该体系的设计要针对产品的市场需求、竞争态势和运营策略，确保指标能够反映产品的市场表现和潜在机会。在这个体系中，可以包括产品的销售量、市场占有率、用户活跃度等，以评估产品的市场表现和运营效果。

数据需求可以从内部和外部两个方面进行收集。内部的数据需求又分多个角色：高管、运营、产品、财务和人事等。每个角色都有不同的数据需求，如高管更关注数据辅助决策，运营人员更关注数据监控以及运营分析，产品设计人员更关注用户体验。外部的数据需求通常是用户或者客户关注的数据诉求，最终通过对接前台（业务）系统进行自动化应用分析，如开放给机构的培训效果分析等。

（2）理清业务流程

产品是所有业务线的基础，运营是所有业务线的落脚点。也就是说所有业务线的合并组成了整个产品运营体系，同时每个业务线又是相互独立的。那么我们就可以逐个攻克各个业务线，最后再综合每个业务线的共性指标。

搭建每个业务线的指标体系，最有效快捷的方式就是画业务线流程图，把每个业务过程以及业务点搞清楚。同时要与业务方密切沟通，充分了解业务发展，并且听取业务方的意见。这里的业务方指与该业务相关的所有产品、运营和财务等人员。在业务沟通中，我们会发现有很多指标可能在当下是不具备分析意义的，如某个业务功能点的优化类指标，考虑此指标是否必要就需要对资源进行分析，如果资源足够，做得越完善，越有利于后续的分析与决策。可以将指标体系以项目制的形式去推动，第一期以核心指标（如 KPI）为主，第二期以完善全链条指标为主，逐渐迭代优化。

在进行这一步的时候，为确保后续参与优化的数据团队成员能迅速进入工作状态，需要创建一份详尽的业务文档。在绘制流程图时，应以业务的核心流程为重心来绘制。尤其是第一期建设时，重点以业务流向（业务过程）为主。如果是线上业务，在画完业务流程图、理清业务并明确核心指标后，可以结合海盗模型（AAARRR）来搭建。

（3）构建总线矩阵

理清业务流后，将业务线各个业务过程进行拆解、细分，对各个数据域构建总线矩阵。

总线矩阵的构建方法来源于数据仓库模型设计，在搭建业务指标体系时同样适用。构建总线矩阵时，需要明确每个数据域包含哪些业务过程，业务过程与哪些维度相关。数据域是面向业务分析，将业务过程和维度进行抽象的集合。业务过程是一个个不可拆分的事件，如下单、付款和退款等。然后，根据业务需求和目标，将其他指标与核心指标进行关联和分类。这一过程有助于明确各个指标在指标体系中的位置和作用以及它们之间的关系。

总线矩阵的行表示不同的指标，列表示不同的分类维度或属性。通过在矩阵中填充相应的值或等级，可以表示指标之间的关联和层次关系。

通过构建总线矩阵，可以更好地理解指标之间的内在联系和逻辑关系，从而为后续的指标筛选、权重分配和目标值设定提供依据。同时，总线矩阵还可以用于监控指标体系的运行状况，及时发现和解决潜在的问题和瓶颈。

在构建指标体系的过程中，要保持体系的灵活性和开放性。构建总线矩阵是一个迭代的过程，需要根据业务需求和市场变化进行不断地调整和优化。不断更新和完善总线矩阵，以确保其始终能够反映组织的实际状况和发展需求。

（4）指标组成

指标是由业务线、维度（属性）、时间周期、修饰词、原子指标和度量 6 个方面组成的。

这里的原子指标指的是某一个业务线事件下不可再拆分的指标，如支付金额、用户数、PV 和 UV。这里的度量可以理解为可量化的单位，不同的指标衡量的单位是不一样的。

常用的分析指标本质是属于原子指标的一种衍生，也可以称为衍生指标，或称为派生指标，如图 4-1 所示。

第 4 章 指标设计及展现

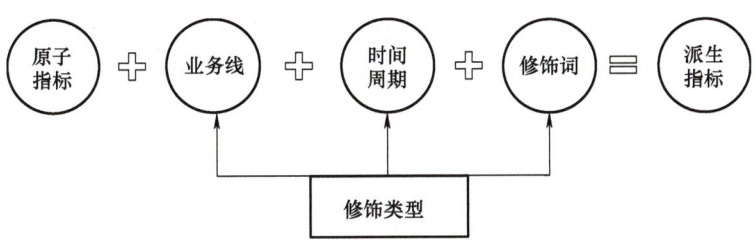

图 4-1 派生指标的生成

从图 4-1 可以总结：派生指标＝原子指标＋修饰类型。

（5）指标字典

指标字典由业务线字典、原子指标字典、维度字典、时间周期字典和派生指标字典等 5 部分组成（见表 4-1～表 4-4），并且派生指标字典中的业务线信息、原子指标信息、维度信息和时间周期信息都必须与上面的字典唯一对应。

表 4-1 业务线字典范例

业务线编码	业务线名称	上级业务线编码

表 4-2 原子指标字典范例

原子指标编码	原子指标名称	原子指标单位	原子指标定义

表 4-3 维度字典（时间周期字典类似）范例

维度编码	维度名称

表 4-4 派生指标字典范例

派生指标字典							
派生指标编码	派生指标名称	业务线编码	原子指标编码	时间周期编码	维度编码	取数逻辑	SQL 代码

上面几个范例，核心工作是建设派生指标字典，但前几个字典建设是综合性工作，是统一口径的关键所在。

指标字典建设过程中，要与数据产品、数据仓库团队一起沟通，这样有利于后期指标开发落仓。以下是需要沟通的内容。

首先是命名的规则，如 A 业务每天的付费用户数，可以命名为：A_paid_users_1d。

其次是指标开发规则，如汇总类指标（支付金额）和去重类指标（DAU）分别如何处理；综合类指标和单个业务线指标如何处理等。

然后是指标管理和可视化报表的产品功能如何实现。

最后是每个阶段的验收标准。

指标字典是数据仓库开发和数据产品开发的重要需求文档。指标字典是为了统一计算口径，统一管理，方便使用者理解指标含义和用法。它也是数据标准化的基础、搭建数据平台的必须环节。

完成后，还需要与业务方进行进一步沟通、优化、修改和完善。

（6）ETL/进仓

ETL 是数据抽取、转换和加载的过程，其中转换是数据处理的核心，包括数据清洗、去重、格式转换和异常值处理等操作。进仓则是将处理后的数据加载到数据仓库中，以供后续的分析和决策使用。根据业务需求编制好指标字典文档，统一数据口径，并编写 SQL 代码。接下来就是推动数据仓库开发，对落仓的数据源（ODS 原始层和 ADS 维度层）和加工表（DWD 详细数据层和 DWS 服务层）进行验收，包括 ETL 代码的验收。

（7）指标管理产品开发与应用

指标管理产品是一种工具或平台，用于管理和监控指标体系，以确保其正常运行和有效应用。在指标管理产品的开发过程中，需要充分考虑业务需求和技术实现。要明确产品的功能和目标，选择合适的技术和工具，设计和开发产品的架构、界面和功能模块。同时，要注重产品的可扩展性和可维护性，以便根据业务变化和需求进行迭代升级。推进数据产品需求，确认并验收产品原型，以及验收产品的上线；培训业务方，包括指标计算口径说明、工具使用说明和报表分析培训等；数据产品迭代需求推进。

4.3 指标体系元数据管理

目前国内企业进行元数据管理的方向有 3 个，一是基于数据平台进行元数据管理，由于大数据平台的兴起，目前逐步开始针对 Hadoop 环境进行元数据管理；二是基于企业数据整体管理规划开展对元数据的管理，也是企业数据资产管理的基础；三是元数据作为某个平台的组件进行此平台特有的元数据管理,它作为一个中介或中转互通平台各组件间的数据。

基于数据平台进行元数据管理的业务场景,从技术维度讲:元数据管理围绕着数据平台内的源系统、数据集市、数据应用、数据模型、数据库、表、字段、报表(指标存储字段)、字段和字段间的数据关系进行。从业务维度讲:管理指标的定义包括指标的业务维度、技术维度和管理维度3方面的数据,字段的中文描述,表的加工策略,表的生命周期信息,表或字段的安全等级。从应用维度讲:实现数据平台模型变更管理、变更影响分析、数据血统分析、高阶数据地图、调度作业异常影响范围。

在企业整体数据管理背景下的元数据管理是企业级数据管理的基础。企业级数据管理除了要管理在数据平台元数据管理场景下的所有元数据外,核心是要解决元数据管理和数据标准、数据质量、数据安全、数据生命周期、数据服务的贯通问题,进行数据描述层面的信息融合。在此场景下,元数据管理的着力点是字段或信息项,其他的管理维度或信息都可以基于字段或信息项进行扩展或外延。

(1)基本管理

1)元模型管理。利用可视化的用户体验,实现包括元模型添加、删除、修改和发布等维护功能。并且能让用户直观地了解已有元模型的分类、统计和使用情况,变更追溯,以及每个元模型的生命周期管理等。

2)元数据管理。元数据管理实现针对元数据的基本管理功能。如元数据的添加、删除和修改属性等维护功能;元数据之间关系的建立、删除和跟踪等关系维护功能;提供元数据发布流程管理,可以更好地管理和跟踪元数据的整个生命周期;元数据自身质量核查、元数据查询、元数据统计、元数据使用情况分析、元数据变更、元数据版本和生命周期管理等功能。

3)元数据分析。元数据分析功能主要实现针对元数据的基本分析功能。包括血缘分析(血统分析)、影响分析、实体关联分析、实体影响分析、主机拓扑分析和指标一致性分析等。

(2)元数据管理的作用

元数据管理到底有什么用?以图书馆为例,对图书的元数据管理,其实与图书馆的目录卡片类似。通过目录卡片可以清楚地查询到图书馆中保存了哪些书、在图书馆的什么位置。目录卡片上的信息就是图书的元数据。假如没有目录卡片,我们在图书馆里查找书籍将很困难。

图书馆的目录卡片只是一个很简单的元数据管理。在企业中,元数据管理会更为全面,难度更高,同时也将带来更多的收益。

1)通过元数据管理,将帮助企业人员清晰地看到企业有哪些数据,分别存放在什么位置,同时帮助理清企业的数据字典,快速查询和定位数据。

2)通过对数据的上下文关联信息,提升战略信息(如数据仓库、CRM 和 SCM 等)的价值,从而帮助分析人员做出更有效的决策。

3)通过对数据的上下文背景、历史和起源进行完整的记录并文档化,帮助了解数据的流转流程,从而减少培训成本,降低员工流失的影响。

4)在变更管理过程中的不同层面上进行更好的影响分析,降低项目失败风险。

5)识别并减少冗余数据和流程,减少重复工作和对冗余、过期、不正确数据的试用。

6)为企业的数据治理、数据应用和数据服务打好基础。

(3)如何进行元数据管理

要实现企业元数据管理需从两个方面考虑,一是盘点企业数据情况,明确要管理哪些元数据以及这些元数据在什么地方、以何种形态存储,他们之间有着怎样的联系。二是建模,建模是建立元数据的模型及元模型,要抽象出企业的元模型,建立元模型之间的逻辑关系。盘点企业数据资产和建立企业元模型是元数据管理的两个基本步骤。下面展开介绍这两点。

1)企业数据资产盘点,首先要把元数据建设的定位定义清楚,短期解决什么问题,长期达到什么目的,基于短期目标要重点细化。举个例子,要实现企业物理模型的全面管理,实现数据结构变更一体化管理这个短期目标,那么就需要盘点企业有多少应用系统,每个应用系统有多少个数据库,数据库的种类有什么,哪些是业务数据表,哪些是垃圾数据表,每个数据字段的含义是否完整,每个系统哪个业务部门使用,哪些管理员进行运维,企业的数据变更是否有流程驱动等。将以上信息分为两大类,一类是数据模型本身的元数据信息,另一类是支撑数据模型管理的元数据信息,这两类信息都是需要盘点的内容。

2)元数据建模是对企业要管理的元数据进行结构化、模型化。元模型的构建一般要参考公共仓库元模型(CWM),但也不能照搬 CWM,否则构建的元模型太过臃肿,不够灵活。在构建元模型过程中不但要关心模型的结构,更要关心模型间的关系,每个模型在元数据的世界里是一个独立的个体,个体和个体之间的关系赋予了模型间错综复杂的关系圈,这些关系的创建往后衍生会支撑数据图谱或知识图谱的构建。例如数据资产盘点需要建立数据库元模型、表元模型、字段元模型、管理员元模型,其中库—表—字段是通过组合关系来构建的,而表—表、字段—字段是通过依赖关系来构建的。通过这样的关系构建就能将企业中所有交互数据形成一个错综复杂庞大的数据关系网络,数据分析人员就可以基于这张网络进行各种信息的挖掘。

4.4 最终用户的需求

建造数据仓库的需求来自于一个数据模型。为了理解最终用户如何使用数据仓库中的数据，设计数据仓库时需要进行如下考虑。

（1）数据仓库与数据模型

数据仓库是由数据模型定型的。数据模型分为不同的层级，典型的是将数据模型分为高层数据模型、中层数据模型和底层数据模型。

高层数据模型显示出数据仓库的不同主题域是如何分割的。典型的高层主题域是客户、产品、装运情况、订单和部件数目等。

中层数据模型确定键、属性、关系和数据仓库的其他细节。中层数据模型使高层数据模型"有血有肉"。

底层数据模型用来进行数据仓库的物理设计。在这一层上会进行分区，对 DBMS 定义外键关系、定义索引以及完成其他物理方面的设计。

（2）关系型的基础

数据仓库的关系控件是用来支持数据的其他视图。关系型数据库提供了一个集中、统一的数据存储平台，关系型数据库被创建后（即形成了数据仓库的核心），满足了最终用户对数据整合、准确性和一致性的需求。通过直观的数据查询界面和高级统计工具，关系型数据库简化了数据检索和分析的复杂性，使用户能够快速获得有价值的信息。所以，最终用户的需求塑造了数据仓库。同时，数据仓库的可定制性和扩展性使最终用户能够根据自身需求进行个性化的数据分析和决策。因此，关系型数据库在数据仓库中扮演着关键角色，满足了最终用户对数据访问、分析和利用的需求。

（3）数据仓库和统计处理

在当今大数据和信息驱动的世界中，统计处理和分析在许多领域中都发挥着至关重要的作用。数据仓库作为集中式、结构化的数据存储系统，为这种统计处理提供了强大的平台。数据仓库和统计处理的最终用户需求主要包括以下几个方面。

1）数据准确性：最终用户需要确保数据的准确性和可靠性，以便做出正确的决策或分析。

2）数据可访问性：用户需要能够轻松地访问数据仓库中的数据，并能够以各种形式展示数据，如表格、图表或报告等。

3）数据及时性：用户需要确保数据的及时更新和同步，以便获得最新的信息和趋势。

4）交互性和灵活性：用户需要能够通过各种方式交互和探索数据，如筛选、排序、过滤和可视化等，并能够根据需要进行灵活的数据处理和分析。

5）定制化和个性化：用户需要能够定制自己的数据视图和报表，以满足特定的需求和偏好。

6）数据安全性和隐私性：用户需要确保数据的安全和隐私，包括对数据的访问控制和加密等措施。

7）易用性和用户体验：用户需要能够在使用数据仓库和统计处理工具时获得良好的用户体验，包括简单易用的界面和操作方式。

4.5 商业智能

商业智能（BI）通常被理解为将企业中现有的数据转化为知识，帮助企业做出明智的业务经营决策的工具。这些数据包括企业业务系统的订单、库存、交易账目、客户和供应商等来自企业所处行业和竞争对手的数据以及来自企业所处的其他外部环境中的各种数据。而商业智能能够辅助的业务经营决策，既可以是操作层的，也可以是战术层和战略层的。为了将数据转化为知识，需要利用数据仓库、联机分析处理（OLAP）工具和数据挖掘等技术。从技术层面讲，商业智能不是什么新技术，它只是数据仓库、OLAP 和数据挖掘等技术的综合运用。

商业智能是对商业信息的搜集、管理和分析过程，目的是使企业的各级决策者获得知识或洞察力（Insight），促使他们做出对企业更有利的决策。商业智能一般由数据仓库、联机分析处理、数据挖掘、数据备份和恢复等部分组成。商业智能的实现涉及软件、硬件、咨询服务及应用，其基本体系结构包括数据仓库、联机分析处理和数据挖掘 3 个部分。

实施商业智能系统是一项复杂的系统工程，整个项目涉及企业管理、运作管理、信息系统、数据仓库、数据挖掘和统计分析等众多门类的知识。因此用户除了要选择合适的商业智能软件工具外，还必须按照正确的实施方法才能保证项目成功。商业智能项目的实施步骤可分为：

1）需求分析：需求分析是商业智能实施的第一步，在其他活动开展之前必须明确地定义企业对商业智能的期望和需求，包括需要分析的主题、各主题可能查看的角度（维度）、需要发现企业哪些方面的规律和用户的需求。

2）数据仓库建模：通过对企业需求的分析，建立企业数据仓库的逻辑模型和物理模型，并规划好系统的应用架构，将企业各类数据按照分析主题进行组织和归类。

3）数据抽取：数据仓库建立后必须将数据从业务系统中抽取到数据仓库中，在抽取的过程中还必须将数据进行转换、清洗，以适应分析的需要。

4）建立商业智能分析报表：商业智能分析报表需要专业人员按照用户制订的格式进

行开发，用户也可自行开发（开发方式简单、快捷）。

5）用户培训和数据模拟测试：对于开发使用分离型的商业智能系统，最终用户的使用是相当简单的，只需要点击操作就可针对特定的商业问题进行分析。

6）系统改进和完善：任何系统的实施都必须是不断完善的，商业智能系统更是如此。在用户使用一段时间后可能会提出更多的、更具体的要求，这时需要再按照上述步骤对系统进行重构或完善。

4.6 探索性数据仓库

探索性数据仓库（Exploratory Data Warehouse，EDW）是一种特殊类型的数据仓库，它主要关注于提供灵活的数据分析环境，以便进行探索性和假设检验。EDW 的主要目标是提供一个平台，让用户能够自由地探索数据，发现新的见解，并回答业务问题。来自 Web 环境中的数据可以通过数据仓库一起进入 EDW。EDW 对于 Web 用户而言非常重要，当业务模式发生变化时，EDW 会最先并且最清楚地探查到这些变化。

与传统的数据仓库相比，EDW 更加灵活和可定制。它通常基于现代数据仓库架构，具有高度的可扩展性和高性能。EDW 支持各种高级分析工具和技术，包括数据挖掘、机器学习、可视化分析和统计建模等。

EDW 的构建和实施需要一定的技术和资源投入。它通常包括数据集成、数据清洗、数据转换和加载（ETL）等过程，以确保数据的质量和准确性。此外，EDW 还需要提供强大的查询和分析工具，以支持用户进行探索性数据分析。

EDW 通常支持一系列高级分析工具和技术，以帮助用户进行深入的数据分析和挖掘。以下是一些常见的 EDW 高级分析工具和技术。

1）数据挖掘和机器学习：EDW 可以集成各种数据挖掘和机器学习算法，用于发现数据中的模式、预测和分类等任务。这些算法可以帮助用户识别趋势、关联和异常值，以及构建预测模型。

2）联机分析处理（OLAP）：OLAP 是一种多维数据分析技术，允许用户从多个角度和维度对数据进行交互式分析。EDW 可以提供 OLAP 立方体和多维数据集，支持快速的数据切片、切块、旋转和钻取操作。

3）统计建模：EDW 可以集成各种统计建模工具，如线性回归、逻辑回归、聚类分析和主成分分析等。这些工具可以帮助用户建立预测模型、识别关联规则和解释数据中的关系。

4）实时分析：EDW 支持实时数据流处理和实时分析功能，能够快速响应用户的查询和数据分析请求。这使得组织能够实时监控业务运营情况，及时发现异常和机会。

5）文本挖掘和分析：EDW 可以集成文本挖掘和分析工具，用于处理非结构化数据

（如文本评论、社交媒体帖子等）。这些工具可以帮助用户提取文本中的关键信息、情感分析和主题建模等。

6）自然语言处理（NLP）：通过自然语言处理技术，EDW 可以自动识别和理解用户查询的自然语言，将其转化为结构化的查询语句。这为用户提供了更直观和便捷的数据查询方式。

7）数据科学平台：一些 EDW 解决方案提供了集成的数据科学平台，为用户提供一站式的环境来进行数据准备、建模、部署和监控。这种平台通常支持各种编程语言（如 Python、R 等）和数据处理框架（如 TensorFlow、PyTorch 等），使得数据科学家能够更加高效地进行工作。

这些高级分析工具和技术可以根据组织的具体需求进行选择和集成。通过提供灵活、高性能的数据分析环境，EDW 可以从大量数据中获取有价值的洞察力，并支持决策制定和创新。

EDW 的对象通常是项目。EDW 在得到项目的结果后就没有用了。数据仓库是为了长远的目标而建立的，EDW 的建立只是为了实现短期目的。图 4-2 说明了探索数据的本质。

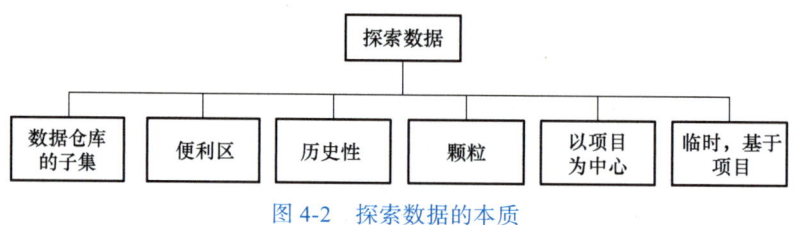

图 4-2　探索数据的本质

4.7　可视化技术

在这个信息爆炸的时代，如何快速、准确地理解和分析数据变得至关重要。可视化技术作为一门将数据转化为直观图像的科学技术，提供了一种全新的视角和思维方式。通过直方图、条形图、饼状图、散点图和折线图等多种形式的呈现来提高数据可理解性。

（1）数据可视化的目的

数据仓库除了有各种技术框架及理论模型外，还有一项比较重要的工作：数据可视化。试想我们在统计完各类数据之后，如果没有系统的报表呈现，那么数据仓库的价值便不能有效地发挥出来。

通常来说，数据可视化在于通过相关的前端图形控件和丰富的色彩信息，将关键数据和特征直观地传达出来，从而能够在更多维的层面上看待数据背后隐藏的商业信息。像

第4章 指标设计及展现

数据可视化报表，其展示过程本身就已经加入了数据开发人员对当前统计项目的思考、理解，甚至是一些假设。而数据可视化则是通过一目了然的方式，帮助数据平台的使用者获得客观数据层面的引导或者验证。数据可视化的核心是为了更清晰地传递信息，把复杂多维的数据用图表展现，是把复杂问题简单化的过程实现。

（2）数据可视化的主要表现形式

1）数字文本：以直观的形式展示数据原本的形态。

2）数据表格：类似 Excel 的数据展示方法仍然是最高效的数据阅读方式。

3）报表图形：常见的图形有柱状图、条形图和饼图，能够比较直观地看到数据背后反映的统计问题。

4）思维导图：一种更为直观的表达思维逻辑的方式。

5）数字地图：通过更为全景的动态数据展示方式，给使用者观察数据背后反映的相关统计趋势或走向。

（3）数据可视化需要思考的问题

1）哪些是可以公开的数据？对于数据仓库而言，数据有安全性的概念，一些敏感的数据是不能直接展示出来的，因而有必要根据自身的业务逻辑，对相关不能直接展示的数据进行权限认证或者隐藏数据细节。

2）数据应该如何刷新？统计数据分为离线与实时数据。离线数据统计完成后一般不需要再次刷新，但实时数据需要经常性的更新。因而选择合适的刷新方式比较重要。一般情况下采用接口提供最新数据，展示段采用 Ajax 组件定时访问接口，获得最新数据。

3）如何选择展示的维度？很多数据信息是不需要报表展示的，但也有一些看起来不重要的数据，是产品或者分析人员强烈需要报表展示的，因而有必要设置一种动态配置的方式，方便使用人员自行配置报表，以提高使用效率。

4）应该使用哪种可视化方式？数据可视化并不止于上述提到的 5 种方式，还有很多其他的图形控件可以选择。因而根据自身的业务过程，选择能够体现不同形式的报表控件尤为重要。

5）是否所有的数据都应该数据可视化？这取决于实际使用需求，需要跟产品人员仔细核对。

（4）数据可视化的过程

1）确定数据可视化的主题：即确定需要可视化的数据是围绕什么主题或者目的来组织的。

2）提炼可视化主题的数据：确定数据围绕什么主题进行组织，接下来要了解已经拥有哪些数据，如何来组织数据。这里主要包括 3 个方面，即确定数据指标、明确数据间的相互关系和确定用户关注的重点指标。

3）根据数据关系确定图表：数据之间的相互关系，决定了可采用的图表类型。

4）进行可视化布局及设计：这一步包括了两个阶段，分别是页面布局及图表制作。

4.8 小结

本章主要关注数据指标的设计和展现，提供了全面的数据指标设计和展现内容，从指标体系的搭建到最终用户的商业智能需求，再到探索性数据仓库和可视化技术的应用。

指标体系是衡量和监控业务性能的关键工具，而合理的分类和搭建方法有助于确保指标的一致性和完整性。搭建指标体系是一个系统性的过程，需要明确目标，收集并筛选相关指标，然后确定各指标的权重，最后整合成一个结构完整、逻辑严密的体系。

元数据，即描述数据的数据，对于指标体系的维护和优化至关重要。有效的元数据管理可以确保指标的准确解释和使用。用户的需求是设计出有价值、有意义的数据指标的关键。

在满足用户需求方面，商业智能技术扮演着重要角色。商业智能可以帮助用户轻松地查询、分析和可视化数据，从而更好地理解业务趋势和性能。探索性数据仓库不同于传统的数据仓库，它更注重于快速的数据探索和分析，有助于发现潜在的业务机会和改进点。最后，通过使用各种可视化工具和技术，如图表、仪表盘等，可以更直观地展示数据指标，帮助用户更好地理解数据和业务状况。

第 5 章 设计数据仓库

学习目标

通过本章学习，你将能回答以下问题：
- 什么是数据仓库的主题？如何使用主题？如何确定主题的内容？
- 如何进行操作型数据的设计？如何进行数据仓库的粒度与分区设计？
- 如何进行数据模型设计？如何设计数据仓库层？
- 有哪些管理数据的技术？

设计数据仓库的目的是统筹企业中所有可以使用的数据，构建面向分析的集成化的数据环境，并通过分析结果为企业提供决策支持。本章重点介绍设计数据仓库，首先是对数据仓库主题的确定。然后进行操作型数据的设计以及数据仓库的粒度与分区设计。最后介绍数据仓库的数据模型设计以及数据仓库层的设计。此外还介绍了设计数据仓库时所用到的数据管理技术。

5.1 数据仓库的主题

数据仓库主题是指将企业不同业务流程信息进行汇总、分类，然后对其进行分析利用的一个抽象化概念，也是指企业中某一分析领域具体的分析对象。每一个数据仓库分析领域都有一个数据仓库主题相呼应。本节将从主题的使用、主题域以及如何确定主题内容这几个方面展开介绍。

5.1.1 主题

主题（Subject）是在较高层次上将企业信息系统中的数据进行综合、归类和分析利用。每一个主题基本对应一个宏观的分析领域，对应企业中某一宏观分析领域所涉及的分析对象。

面向主题的数据组织方式，是在较高层次上对分析对象数据的一个完整并且一致的描述，能刻画各个分析对象所涉及企业的各项数据，以及数据之间的联系。较高层次是相对面向应用的数据组织方式而言的，是指按照主题进行数据组织的方式具有更高的数据抽象级别。与传统数据库面向应用进行数据组织的特点相对应，数据仓库中的数据是面向主题进行组织的。

主题是根据数据分析的要求来确定的。这与按照数据处理或应用的要求来组织数据是不同的。如在生产企业中，同样是材料供应，在操作型数据库系统中，所关心的是怎样更方便和更快捷地进行材料供应的业务处理；而在进行分析处理时，就应关心材料的不同采购渠道和材料供应是否及时，以及材料质量状况等。

数据仓库面向在数据模型中已经定义好的公司的主要主题领域。典型的主题领域包括顾客、产品、订单、财务和其他某项事务或活动。

5.1.2 主题的使用

数据仓库的设计是一个螺旋发展的过程，在刚开始，没有必要在数据仓库的数据库中体现所有的主题，选择最重要的主题是很有必要的。因此使用主题首先是要找到需要分析的主题域。

例如在 AdventureWorksDW 数据仓库的概念模型设计中，在对需求进行分析后，认识到"商品"主题既是一个销售型企业最基本的业务对象，又是进行决策分析的最主要领域，因而把"商品"主题域定义为要首先建立的主题。通过"商品"主题的建立，经营者就可以对整个企业的经营状况有较全面的了解。先实施"商品"主题可以尽快地满足企业管理人员建立数据仓库的最初要求。

通过将主题边界的划分应用到已经得到的关系模型上还能形成原始概念模型。这一模型是把主题域的划分和事务处理数据库中的表结合起来的模型。例如在上面的例子中，商品主题可能涵盖的关系表有商品表、供应关系表、购买关系表和仓储关系表；仓库主题可能涵盖的关系表有仓库关系表、仓库表、仓库管理关系表和管理员表。把这些表的键和字段联系起来，就可以形成原始概念模型图。

5.1.3 主题域

主题域通常是联系较为紧密的数据主题的集合。可以根据业务的关注点，将这些数据主题划分到不同的主题域。主题域的确定必须由最终用户和数据仓库的设计人员共同完成。

主题域是对某个主题进行分析后确定的主题边界。分析主题域，确定要装载到数据仓库的主题是信息打包技术的第一步。而在进行数据仓库设计时，一般是一次先建立一个主题或企业全部主题中的一部分，因此在大多数数据仓库的设计过程中都有一个主题域的选择过程。主题域的确定必须由最终用户和数据仓库的设计人员共同完成。

确定主题边界实际上需要进一步理解业务关系,因此在确定整个分析主题后,还需要对这些主题进行初步的细化才便于获取每一个主题应该具有的边界。

5.1.4 确定主题的内容

主题虽然在信息包图中只占据标题的位置,但却是信息打包方法中最重要的部分。当主题定义好之后,数据仓库中的逻辑模型也就基本成形了。此时,需要在主题的逻辑关系模型中包含所有的属性及与系统相关的行为。数据仓库中的数据存储结构也需要在逻辑模型的设计阶段完成定义,向里面增加所需要的信息和能充分代表主题的属性组。以 Adventure Works Cycles 这类公司的数据仓库为例,如表 5-1 中可分别在商品、销售和客户主题上增加能够进一步说明主题的属性组。

表 5-1 Adventure Works Cycles 公司的数据仓库示例

主题名	公共码键	属性组
商品	商品号	商品固有信息:商品号,商品名,类型,颜色等 商品采购信息:商品号,供应商号,供应价,供应日期,供应量等 商品库存信息:商品号,库房号,销售价,库存量,日期等
销售	销售单号	销售固有信息:销售单号,销售地址等 销售信息:客户号,商品号,库房号,库存量,日期等
客户	客户号	客户固有信息:客户号,客户名,性别,年龄,文化程度,住址,电话等 客户经济信息:客户号,年收入,家庭年收入等

5.2 操作型数据的设计

操作型数据是企业在生产运行中产生的数据。在进行数据仓库设计时,首先要考虑的问题是如何将数据放置在数据仓库中。操作型系统在建立时并没有考虑数据将来如何进行集成,各个系统都建立了自己的数据结构,在数据集成时就会出现各式各样的数据,没有统一的标准。

(1)数据集成过程中首先要解决数据编码不一致的问题

假设将旅客服务系统数据和旅客行为系统数据进行关联,发现旅客服务系统中性别是用英文简称"m,f"表示的,在旅客行为系统中性别是用中文"男,女"表示的,这两个系统在表示性别时采用了不同的编码方式。将旅客性别数据集成到数据仓库时,不管采用哪一种编码方式,进入数据仓库的数据需要统一为同一种编码格式。

（2）数据集成的过程需要统一计量单位

不同的系统可能在表示同一属性时采用了不同的计量单位，进入数据仓库的数据需要转换成同一种计量单位。建立数据仓库是为了服务企业所有的系统，将不必要的数据计算开销在数据抽取、装载和清洗过程中完成，节约数据仓库计算资源。在设计数据仓库时尽量让清洗计算在数据抽取时就完成，不建议将过多的计算推移到数据仓库中。

（3）集成过程中要对字段语义进行理解

例如同一个字段在4个应用中有4个不同的名字。转换数据时，为了使其正确地进入仓库，就必须建立对各个不同源字段到数据仓库字段的映射。将操作型数据集成到数据仓库是个非常复杂的过程。在真实过程中除了将数据完整地同步到数据仓库中，在某些需求下集成到数据仓库的并非明细数据而是一个汇总数据。

5.3 数据仓库的粒度与分区设计

数据的粒度是数据仓库设计中最重要的问题。数据仓库中粒度的选择应当在清楚地知道哪些体系结构部件需要从数据仓库获取数据的前提下进行。数据仓库的分区也特别重要。数据分区使得数据可以在小的、分开的离散单元中进行管理。这使得数据仓库中的数据装载变得更简单，建立索引也更顺畅，数据归档也变得更容易。

5.3.1 粒度的设计

（1）粗略估算

确定合适的粒度级的起点，粗略估算数据仓库中将来的数据行数和所需DASD（直接存取存储设备）数。在建立数据仓库之初，所需的只是一个数量级上的估计。

如图5-1所示是一个计算数据仓库所占空间的算法。第一步是确定数据仓库中将要创建的所有表。然后估计每张表中行的数量。因为确切的数量难以知道，所以估计一个下界和一个上界。

接下来，估计一年内表中的最小行数和最大行数。这是设计者所要解决的最大问题。例如：一个顾客表，应该估计在一定的商业环境和该公司的商业计划影响下的当前顾客数；如果当前没有业务，就估计为总的市场业务量乘以市场份额；如果市场份额不可知的话，就用竞争对手的业务量来估计。总之，要从一方或多方收集顾客的合理估算信息开始。如果数据仓库是用来存放业务活动的话，就要估计顾客数量，以及估计每个时间单位内业务活动量。同样，可用相同的方法分析当前的业务量、竞争对手的业务量和经济学家的预测报告等。

第 5 章　设计数据仓库

```
估计数据仓库环境中的行数/空间大小
1. 对每一个已知的表：
     计算一行所占字节数的
     —最大估计值
     —最小估计值
  对一年内：
     最大行数可能是多少？
     最小行数可能是多少？
  对五年内：
     最大行数可能是多少？
     最小行数可能是多少？
  对表的每个键码：
     该键码的大小(按字节)是多少？
  一年总的最大空间=最大行大小×一年内最大行数
  一年总的最小空间=最小行大小×一年内最小行数
     累加索引空间
2. 对所有已知的表重复第1步。
```

图 5-1　行数/空间计算

估计完一年内数据仓库中数据单位的数量（用上下限推测的方法），就用同样的方法对五年内的数据进行估计。粗略估计完数据后，就要计算一下索引数据所占的空间。对每张表（对表中的每个键码）确定键码的长度和原始表中每条数据是否存在键码。再将各表中行数可能的最大值和最小值分别乘以数据的最大长度和最小长度。另外，还要将索引项的数目与键码长度的乘积累加到总的数据量中。

（2）粒度划分过程的输入

将估计的行数和 DASD 数作为粒度划分过程的输入，如图 5-2 所示。此时，数量级的精确性才是最重要的。

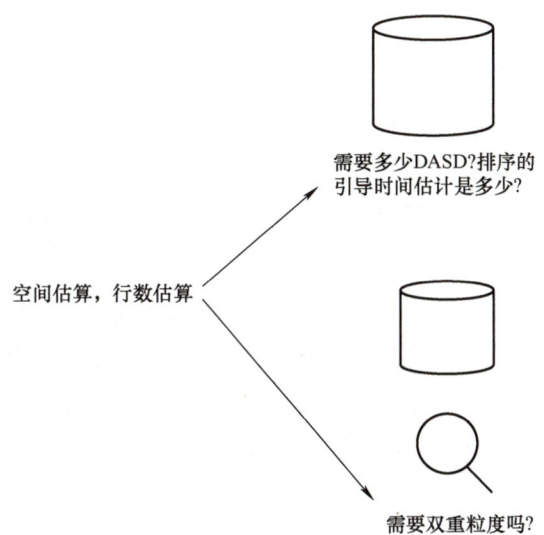

图 5-2　使用空间估计的结果

（3）双重粒度级的判别

上面的估计完成后，下一步要将数据仓库环境中总的行数和图5-1所示的行数进行比较。根据数据仓库环境中将具有的总行数的大小，设计和开发必须采取不同的方法。以一年期为例，如果总的行数小于10000，那么任何的设计和实现实际上都是可以的。如果一年期总行数是100000或更少，那么设计时就需小心谨慎。如果在前一年内总行数超过1000000，那么就要请求采取双重粒度级。如果在数据仓库环境中总行数超过10000000的话，必须强制采取双重粒度级，并且在设计和实现中应该小心谨慎。

对于五年期，行的总数大致依据数量级改变。对五年以后的推测是，在管理数据仓库中的大量数据时，将有更多的专门技术可用，硬件费用有所下降，可以使用功能更强大的软件工具，最终用户更加专业化。所有的这些因素表明在长时间内可以管理更大的数据量。

数据仓库存储时总的字节数与数据仓库的设计和粒度几乎是没有关系的，记录是25个字节长或250个字节长都是没有关系的，图5-3所示的表仍旧可用。原因与数据的索引有关，不论被索引记录的大小，都需要同样数量的索引项。只有在一些特殊情况下，被索引记录的实际大小才影响决定数据仓库是否采用双重级粒度的策略。

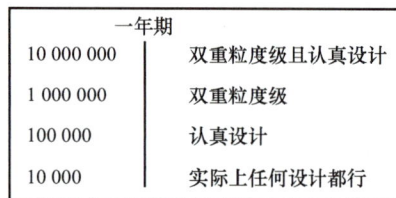

图5-3 粒度的阈值

（4）确定粒度级别

完成简单分析之后，要精确地确定粒度的级别。在很低的细节级上建立轻度汇总的数据级是没有意义的，因为需要太多的资源来处理数据。而在太高的细节级上建立轻度汇总的数据级，则意味着许多分析必须在真实档案级上进行。因此确定轻度汇总的粒度级的第一件事是进行有根据的猜测。

进行有根据的猜测之后，需要一定数量的反复分析来改进这个猜测，如图5-4所示。对于轻度汇总的数据为了确定合适的粒度级别，要将数据拿到最终用户的面前。只有当最终用户实际看到了数据之后，才能做出确定的回答。图5-4说明了所需做的反复循环。

1）快速建立数据仓库的很小的子集并认真听取用户的反馈意见。

2）用原型法。

3）看看别人做了些什么。

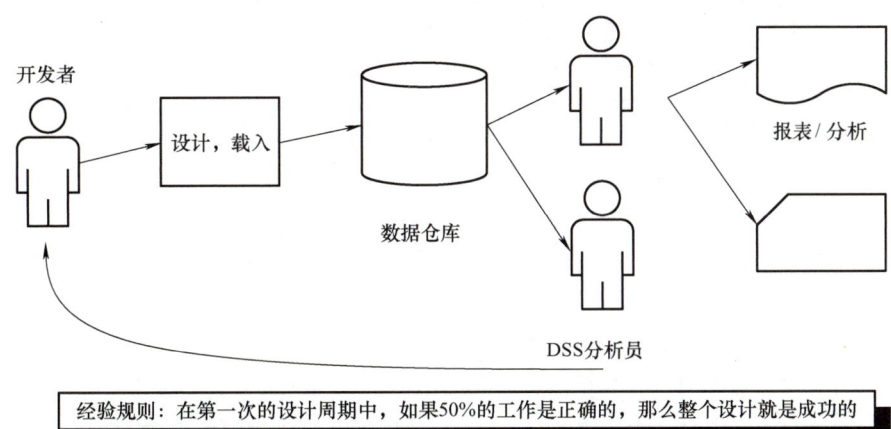

图 5-4　分析过程

4）找一个有经验的用户协同工作。

5）看看机构现在已经有了些什么。

6）用模拟的输出进行 JAD（联合应用程序设计）会议。

最终用户的态度："既然我看到了我能够做些什么，我就能告诉你什么是真正有用的。"

5.3.2　分区的设计

数据仓库中数据的第二个主要设计问题是分区。数据分区是指把数据分散到可独立处理的分离物理单元中。在数据仓库中，围绕分区问题的焦点不是该不该分区而是如何分区。恰当地进行分区可以在很多方面给数据仓库带来好处，例如：数据装载、数据访问、数据存档、数据删除、数据监控和数据存储。

恰当地进行数据分区使得数据可以增长，并且可以进行管理。反之，如果数据分区不适当，则会为数据增长和管理造成许多困难。

在数据仓库环境中的问题不是要不要对当前细节数据进行分区，而是如何对当前细节数据进行分区。

独立管理的数据可以送到不同的处理设备，而无须顾及系统中其他的问题，如图 5-5 所示。

对当前细节数据进行分区的目的是把数据划分成小的可管理的物理单元。数据分区为什么如此重要呢？这是因为在设计和运行维护中管理小的物理单元比管理大的物理单元享有更大的灵活性。

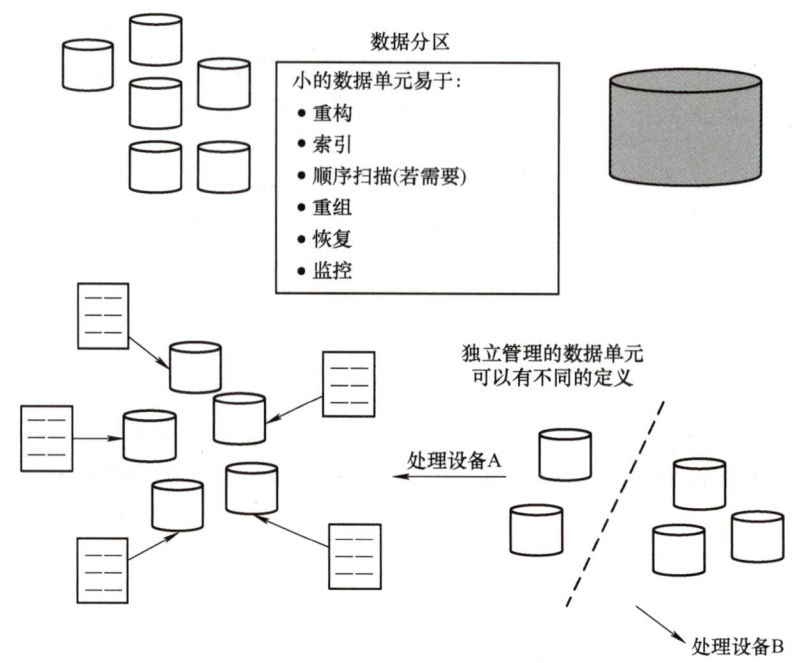

图 5-5 独立管理的数据可以送到不同的处理设备

当数据存放在大的物理单元中时,重构、索引、顺序扫描(若需要)、重组、恢复、监控等任务将无法轻松地进行。

数据仓库的本质之一是灵活地访问数据。如果是大块的数据,就达不到这一要求。因而,对所有当前细节的数据仓库数据都要进行分区。当结构相似的数据被分到多个数据的物理单元时,数据便被分区了。此外,任何给定的数据单元属于且仅属于一个分区。

有多种数据分区的标准。例如,按时间、业务范围、地理位置、组织单位等。数据分区的标准完全由开发人员来决定。然而,在数据仓库环境中,日期几乎总是分区标准中的一个必然组成部分。

数据分区可以采用多种方式。数据仓库开发人员面临的主要问题之一是在系统层上还是在应用层上对数据进行分区。在系统层上进行分区一定程度上是某些 DBMS 和操作系统的一种功能。在应用层上进行分区由设计的应用程序代码完成,而且只由开发者和程序员严格控制。因而,当在应用层上进行数据分区时,DBMS 和系统不知道一个分区与另一个分区之间的关系。

通常,在应用层上对数据仓库数据分区是很有意义的。因为在应用层上每年的数据可以有不同的定义。2000 年和 2001 年的数据定义,可以相同也可以不相同。

当数据在系统层上分区时,DBMS 不可避免地希望只由一种数据定义。假定数据仓库中保存的数据时间较长（如达到 10 年），而且数据定义经常变化，让本应该只有一种数据定义的 DBMS 或操作系统去管理这个系统将是毫无意义的。

允许在应用层面上而不是 DBMS 上管理数据分区，可以将数据从一个处理设备转移到另一个处理设备而不会带来问题。在数据仓库环境中，当工作负载和数据量成为真正的负担时，这种特点就是一种优点。

5.4 数据仓库的数据模型设计

数据仓库起源于数据模型的设计。在企业中所有的数据模型都建立在操作型数据模型之上，我们可以通过以下步骤设计数据仓库模型。

（1）去除纯用于操作型环境中的数据

去掉控制系统字体大小的样式表内容，因为此类数据对后面的业务支持分析并没有多大的意义。

（2）增加时间元素

为加入到数据仓库的数据增加时间元素，标注该数据的时间版本。随着时间增长，企业经营规模扩大，原有数据类型不能符合现有业务的需求，需要进行修改。此时在数据仓库中基于原有字段增加一个新的数据字段，通过时间版本可以快速区分老版本和新版本。

（3）在数据仓库中将操作型系统中的数据转变为"人工关系"

建立起数据仓库中表与表之间的关系。数据仓库对外服务时，某一查询请求数据可能来自多张表，通过建立起的表间关系可以将多张表的数据串联成一个集合发送给调用端。

（4）对企业数据模型进行稳定性分析

根据各个数据属性是否经常变化的特性将这些属性分组。如经常变化的、不时变化的和很少变化的。通过稳定性分析，可以根据不同访问频次将数据分开存放，从而提高数据仓库的响应效率。

数据模型的设计非常重要，通常数据模型通过高层、中层和底层 3 个层次进行设计。下面详细讲解这 3 层是如何实现的。

1）高层建模。高层建模即设计 ER 图，是最高的抽象设计，用于描述数据仓库范围的主题域，以及主题域之间的关系。高层设计通盘考虑整个公司业务环境，站在领导的角度将公司的业务环境划分为不同的主题域。例如可以将公司的业务环境划分为商务、运行和管理等主题域。如果建立的是商务数据中心则可以划分为供应商、顾客、商品和仓储等主题域。建立完成主题域之后要明确主题域和主题域之间的连接关系。

高层建模的特点是实体和关系。实体的名字放在椭圆内。实体间的关系用箭头描述。

箭头的方向和数量表示关系的基数，只有直接的关系才标志。这样做可以使关系的传递依赖最小化。

2）中层建模。中层建模是对高层模型中标识的每个主题域进行详细设计建模。对每个主题域中包含的具体实体进行设计，并且明确实体与实体之间的对应关系。这个步骤涉及每一个主题域包含了多少实体、这些实体的特征和属性，以及实体与实体之间的关系。

3）物理建模。底层建模是物理模型建立，建立数据的具体存储模型。设计上主要优化数据存储和读取的性能。如数据库存储的分库分区或者使用集群解决方案，目的是降低单台机器的压力，提升数据仓库对请求的响应效率。

5.5 数据仓库层的设计

数据仓库层（Data Warehouse，DW）是做数据仓库时核心设计的层，这里从ODS层获得的数据按照主题建立各种数据模型。DW层细分为数据仓库详细信息（DWD）层、数据仓库中间（DWM）层和数据仓库服务（DWS）层。

（1）数据仓库详细信息层

数据仓库详细信息层一般保持与ODS层相同的数据粒度，且提供一定的数据质量保证。另外，为了提高数据细节层的易用性，该层采用了一些降维方法，将维度降到事实表中，减少事实表与维度表的关联。此外，该层还进行了部分数据聚合，将同一主题的数据合并到一个表中，从而提高数据的可用性。

（2）数据仓库中间层

数据仓库中间层基于DWD层的数据，对数据进行轻度聚合操作，生成一系列中间表，提高公共指标的复用性，减少重复加工。直观上，对共同的核心维度进行聚合操作，计算相应的统计指标。

（3）数据仓库服务层

数据仓库服务层也称为数据集市或宽表。基于流量、订单和用户等业务划分，生成用于提供后续业务查询、OLAP分析和数据发布等的多字段平台。此层次结构中的数据表相对较少，一个表涵盖许多业务内容，字段较多，因此此层次结构中的表有时也称为宽表。

在实际计算中，如果直接从DWD和ODS计算宽表的统计指标，会存在计算量过多、维数过少的问题，所以一般在DWM层中首先计算出多个小的中间表，并将其合并到一张DWS的宽表中。由于宽边界和窄边界难以定义，可以取消DWM层，只留下DWS层，将所有数据放置在DWS层上。

5.6 数据管理技术

在许多方面，数据仓库比数据库需要一系列更简单的技术。数据仓库中没有联机的数据更新，只有非常少的一些锁定需要，而且对于远程处理接口的需要也只是最基本的。数据仓库有许多技术上的需求，例如：

（1）管理数据

对于数据仓库，最重要的技术需求就是能够管理大量的数据，如图 5-6 所示。

图 5-6 管理数据

有好多种管理大量数据的方法，可以通过寻址、索引、数据的外延和有效的溢出等进行管理。管理大量数据的能力有两方面，分别是能够管理的能力和能够管理好的能力。任何声称支持数据仓库的技术一定都要满足能力与效率的要求。数据仓库开发者建造数据仓库时，在理想的情况下是假定其能够满足处理大量数据的需求的。在开发和实现数据仓库的时候，如果开发者不得不对技术进行扩展以适应数据仓库，那么所用的基本技术就存在一定的问题。当谈到数据仓库时，问题不仅是基本的技术及其效率，还有存储和处理的费用也是要考虑的因素。

（2）索引和监视数据

数据仓库的重点就在于灵活性和对数据的不可预测的访问。这一点也就是要求能够对数据进行快速和方便地访问。数据仓库中的数据如果不能被方便和有效地检索，那么建立数据仓库这项工作就是不成功的。设计者可以利用许多方法来使数据尽可能的灵活，例如利用双重粒度级和数据分割。但这些技术一定要支持方便的索引，一些索引技术常常是有用的，如二级索引、稀疏索引、动态索引和临时索引等。而且，建立和应用索引的费用不能太高。相同地，数据仓库中的数据也应能随意地被监视。监视数据的费用也不能太高，过程不能太复杂，监视程序在需要时应能随时运行。索引和监视数据如图 5-7 所示。

有很多理由要监视数据仓库中的数据，包括：

1）决定是否应数据重组。

2）决定索引是否建立得不恰当。

3）决定是否有太多数据溢出。

4)决定数据的统计成分。

5)决定剩余的可用空间。

如果数据仓库技术不支持对数据进行方便和高效的监视,那么就不适用。

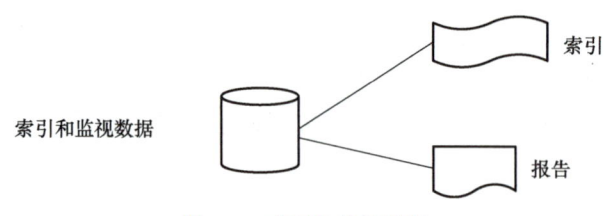

图 5-7　索引和监视数据

(3)数据接口

数据仓库中一个重要的问题是能够用各种不同的技术获得和传送数据。如果在向数据仓库传送数据和从数据仓库获得数据时有很大的限制,那么这种支持数据仓库的技术实际上是没有用的。

接口不仅要高效还要便于使用,并能够在联机模式下运行。在联机模式下运行并不是非常有用。数据接口如图 5-8 所示。

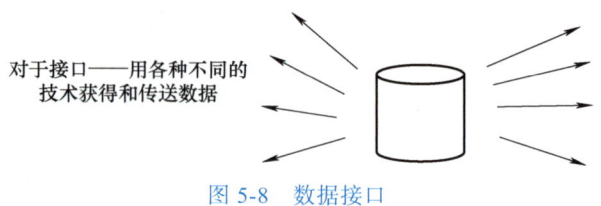

图 5-8　数据接口

(4)数据存放位置

为了对数据进行高效的访问和更新,程序员或者设计者需要在物理的块、页的一级上对数据的存放进行特殊的控制,如图 5-9 所示。

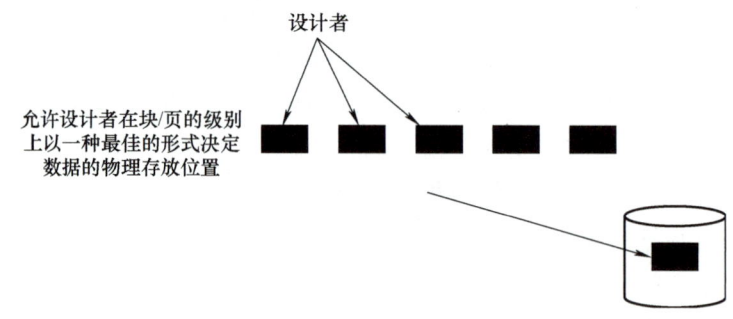

图 5-9　数据存放位置

某项技术将数据放到它认为合适的地方是完全可以的,只要该项技术能在需要时被明确地管制。如果某项技术非要将数据存放在某一物理地址而不允许程序员管制,那么就犯了严重的错误。

程序员或者设计者时常对数据的物理位置进行整理来使之适合其用途。这样做可以使数据的访问更加经济。

(5) 语言接口

数据仓库需要有非常丰富的语言规定。没有一种健壮的语言,数据仓库中进入接口和访问数据就非常困难。而且,访问数据仓库的语言一定要是高效的。

典型的数据仓库语言接口(见图 5-10)需要:

1) 能够一次访问一组数据。
2) 能够一次访问一条记录。
3) 特别要保证,为了满足某个访问要求能够支持一个或多个索引。
4) 有 SQL 接口。
5) 能够插入、删除和更新数据。

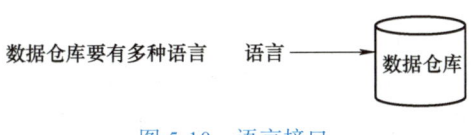

图 5-10 语言接口

(6) 高效装入数据

数据仓库一个重要的技术能力是能够高效地装入数据,如图 5-11 所示。有好多种装入数据的方法:通过一个语言接口一次一条记录或者使用一个程序一次全都装入。另外,在装入数据的同时,索引也要高效地装入。在有些时候,为了平衡工作负载,数据索引的装入可以推迟。如果数据仓库中数据的装入有不可克服的困难,那么这个数据仓库就没有用处了。

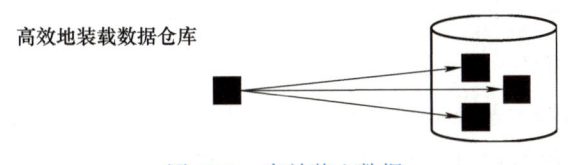

图 5-11 高效装入数据

(7) 高效索引

数据仓库技术不仅能够方便地支持新索引的创建和装入,而且能够高效地访问这些索引,如图 5-12 所示。

有多种方法能够高效地访问索引:

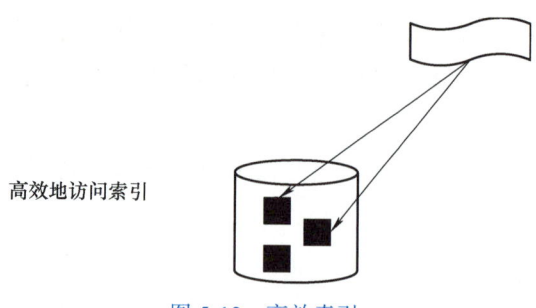

高效地访问索引

图 5-12　高效索引

1）用位映像的方法。

2）用多级索引。

3）将部分或全部索引装入内存。

4）当被索引数据的次序允许压缩时对索引项进行压缩。

5）创建选择索引或范围索引。

除了索引的高效存储和浏览外,在主存储器层次对数据后续的存取也是很重要的。但是对主存数据访问的优化并不像对索引数据的访问一样有那么多选择。

(8) 管理长数据

数据仓库环境的另一个简单而又重要的技术需求是有效管理变长数据的能力。

变长数据如果被经常更新和改变,就会产生严重的性能问题。但当变长数据很稳定,如在数据仓库中时,就没有固有的性能问题。另一方面,由于数据仓库中数据的多样性,对数据变长结构的支持是强制性的。

(9) 加锁管理

数据库技术的一个基本功能是加锁管理。加锁管理程序确保没有两个或两个以上的用户在同一时间对同一数据进行更新。但数据仓库中是没有更新的。

应用加锁管理程序的后果之一是消耗了相当多的资源,即使数据不被更新也是一样的。一直把加锁管理程序简单地打开是会消耗很多资源的。为了使数据仓库环境更加合理,需要有选择地将加锁管理程序打开或关闭。

(10) 单独索引处理

数据库管理系统的一个基本特征是能够进行单独索引处理。在许多情况下,只查看一个索引(或一些索引)就可以提供某些服务。当只通过查看一下索引就可以满足某些请求时,由于用不着查看数据的最初数据源而会更加高效。但并不是所有的 DBMS 都有辨别索引是否能满足请求的智能。

(11) 快速恢复

数据仓库环境的一个简单而重要的技术特性,是能够从非直接存取存储设备快速地恢

第 5 章 设计数据仓库

复数据仓库表。当可以从二级存储设备上恢复时，就可能节约大量开支。如果没有从二级存储设备上快速恢复的能力，通常的做法是将 DASD 的数目增加一倍，然后将增加的数目作为恢复或者复原的存储区。

5.7 小结

设计数据仓库是一个复杂而细致的过程，涉及从高层次需求分析到具体物理实现的多个阶段。本章介绍了设计数据仓库中主题的确定、操作型数据的设计、数据仓库的粒度与分区设计、数据模型的设计、数据仓库层的设计以及数据管理技术。

数据仓库主题是与传统数据库的面向应用相对应的，是在较高层次上将企业信息系统中的数据综合、归类并进行分析利用。每一个主题对应一个宏观的分析领域。主题虽然在信息包图中只占据标题的位置，但却是信息打包方法中最重要的部分，当主题定义好之后，数据仓库中的逻辑模型也就基本成形了。

非常低的粒度会带来大量数据，系统最终会被巨大的数据量压垮。非常高的粒度虽然处理起来很高效，但却不能进行许多需要细节数据的分析。此外，数据仓库中粒度的选择应当在清楚地知道哪些体系结构部件需要从数据仓库获取数据的前提下进行。

数据分区使得数据可以在小的分开的离散单元中进行管理。这使得数据仓库中的数据装载变得更简单，建立索引也更顺畅，数据归档也变得更容易等。至少有两种对数据进行分区的方法，即在 DBMS/操作系统层和在应用层。每一种分区方法都有各自的优缺点。

数据仓库的设计开始于数据模型，数据模型的设计非常重要，通常数据模型通过高层、中层和底层 3 个层次进行设计。数据仓库存在许多物理设计问题，其中大多数都与数据访问的效率有关。数据仓库层是做数据仓库时核心设计的层，这里从 ODS 层获得的数据按照主题建立各种数据模型。

数据处理是数据仓库系统的另一个核心部分，主要用于对数据进行清洗、整合、转换和挖掘等操作。其中会用到大量的数据仓库技术，分别有：管理数据、索引和监视数据、数据接口、数据存放位置、语言接口、高效装入数据、高效索引、管理长数据、加锁管理、单独索引处理和快速恢复。

第 6 章　数据仓库与大数据技术

学习目标

通过本章学习，你将能回答以下问题：
- 什么是分布式数据仓库？传统数据仓库与分布式数据仓库的区别？
- 什么是流式计算？流式计算与批量计算的应用场景有什么不同？
- Hadoop 是什么？数据仓库应用了哪些 Hadoop 的技术？
- 什么是 NoSQL 技术？它与传统数据库技术有什么区别？

大数据技术在数据仓库中发挥着重要作用，根据不同应用场景选择合适的计算模式和相应的技术平台是关键，数据仓库和大数据技术相辅相成，共同构建了现代数据处理与分析的基础设施。数据仓库为企业提供了高效的数据存储和管理能力，而大数据技术则为处理和分析海量数据提供了强大的支持，两者共同推动了数据驱动决策的发展。本章全面介绍数据仓库、流式计算、Hadoop 和 NoSQL 数据库 4 个主题。每个主题深入讨论各自的概念、应用场景和关键技术。

6.1　数据仓库的体系结构

数据仓库的各个组成部分相互结合，形成数据仓库的体系结构。体系结构将数据仓库的不同部分组合在一起，提供了开发和部署数据仓库的整体框架结构，是一个全面的蓝图。体系结构定义了标准、衡量指标、通用设计和支持的技术。下面将分别介绍传统数据仓库和分布式数据仓库的系统架构。

6.1.1　传统数据仓库

一个典型的数据仓库系统通常包含数据源、数据存储与管理、OLAP 服务器以及前端工具与应用 4 个部分。

(1)数据源

数据源是数据仓库系统的基础,即系统的数据来源,通常包含企业(或事业单位)的各种内部信息和外部信息。

内部信息,如存于操作型数据库中的各种业务数据和办公自动化系统中包含的各类文档数据。

外部信息,如各类法律法规、市场信息、竞争对手的信息、各类外部统计数据及其他有关文档等。

(2)数据的存储与管理

数据的存储与管理是整个数据仓库系统的核心。

存储:在现有各业务系统的基础上,对数据进行抽取、清理,并有效集成,按照主题进行重新组织,最终确定数据仓库的物理存储结构。同时组织存储数据仓库的元数据(包括数据仓库的数据字典、记录系统定义、数据转换规则、数据加载频率以及业务规则等信息)。

管理:对数据仓库系统的管理也就是对其应用数据库系统的管理,通常包括数据的安全、归档、备份和恢复等维护工作。

(3)OLAP 服务器

OLAP 服务器对需要分析的数据按照多维数据模型进行重组,以支持用户随时从多角度、多层次来分析数据,发现数据规律与趋势。如前所述,OLAP 服务器通常有如下 3 种实现方式:

1)ROLAP 基本数据和聚合数据均存放在 RDBMS 中。

2)MOLAP 基本数据和聚合数据存放于多维数据集中。

3)HOLAP 是 ROLAP 与 MOLAP 的综合,基本数据存放在 RDBMS 中,聚合数据存放于多维数据集中。

(4)前端工具与应用

前端工具主要包括各种数据分析工具、报表工具、查询工具、数据挖掘工具(例如关联分析、分类和预测等)以及各种基于数据仓库或数据集市开发的应用。

其中,数据分析工具主要针对 OLAP 服务器;报表工具、数据挖掘工具既可以用于数据仓库,也可针对 OLAP 服务器。

1)OLTP 和 OLAP 见表 6-1。联机事务处理 OLTP(On-Line Transaction Processing)是传统的关系型数据库的主要应用,主要是基本的、日常的事务处理,如银行交易。

联机分析处理 OLAP(On-Line Analytical Processing)是数据仓库系统的主要应用,支持复杂的分析操作,侧重决策支持,并且提供直观易懂的查询结果。

表 6-1　OLTP 和 OLAP 比较

比较	OLTP	OLAP
用户	操作人员、底层管理人员	决策人员、高级管理人员
功能	日常操作型事物处理	分析决策
数据库设计目标	面向应用	面向主题
数据特点	当前的、最新的、细节的、二维的、分立的	历史的、聚集的、多维的、集成的、统一的
存取规模	通过一次读或写数十条记录	可能读取百万条以上记录
工作单元	一个事物	一个复杂查询
用户数	通常是成千上万个用户	可能只有几十个或上百个用户
数据库大小	通常在 GB 级（100MB～1GB）	通常在 TB 级（100GB～1TB）

2）OLTP。OLTP 也称为面向交易的处理系统，其基本特征是顾客的原始数据可以立即传送到计算中心进行处理，并在很短的时间内给出处理结果。这样做的最大优点是可以随时随地处理输入的数据，及时回答。故该系统也称为实时系统（Real-time System）。

衡量联机事务处理系统的一个重要性能指标是系统性能，具体体现为实时响应时间（Response Time）。OLTP 的特点包括 OLTP 支持大量并发用户定期添加和修改数据，OLTP 反映随时变化的单位状态，但不保存其历史记录，OLTP 具有复杂的结构。

3）OLTP 系统与 OLAP 系统见表 6-2。

表 6-2　OLTP 系统与 OLAP 系统比较

比较	OLTP 系统	OLAP 系统
用户和系统的面向性	面向顾客数据内容	面向市场数据内容
	当前的、详细的数据数据库设计	历史的、汇总的数据数据库设计
	实体—联系模型	面向应用的数据库设计
	星型/雪花模型数据库设计	面向主题的数据库设计
数据视图	当前的、企业内部的数据	经过演化的、集成的数据
访问模式	事务操作	只读查询（但很多是复杂查询）
任务单位	简短的事务	复杂的查询访问数据量
	数十个	数百万个
用户数	数千个	数百个
数据库规模	100MB 至数 GB	100GB 至数 TB
度量	事务吞吐量	查询吞吐量、响应时间

4）OLAP 与数据仓库的区别。OLAP 是大多数数据仓库系统用来呈现数据分析结果的方法之一。

数据仓库最重要的特性是数据集成，其目的是呈现有效的信息数据。虽然 OLAP 服务不是专为数据集成而设计的，但它却是一种强大的数据呈现方法。

典型的 OLAP 服务常常源自一个或多个专门设计的数据集市。OLAP 服务应该被看作数据仓库解决方案的一部分。

5）OLAP 分类。OLAP 根据其存储数据的方式分为 ROLAP、MOLAP 和 HOLAP 三类。

ROLAP（关系 OLAP）结构：使用关系或扩充关系 DBMS 存储并管理数据仓库，OLAP 中间件支持其余部分。在接收用户的请求时，ROLAP 服务器将多维查询转换成 SQL 查询，由数据仓库服务器对以关系形式存放的数据执行 SQL 查询，最终将数据返回给终端用户。

MOLAP（多维 OLAP）结构：核心是其数据存储方式。它采用矩阵（可能是多维方阵）形式，这使得数据检索更高效。

HOLAP（混合 OLAP）结构：结合 ROLAP 和 MOLAP 技术，在 MOLAP 立方体中存储高级别的聚集，在 ROLAP 中存储低级别的聚集。

6.1.2　分布式数据仓库

分布式数据仓库分为狭义分布式数据仓库和广义分布式数据仓库。

狭义分布式数据仓库是在原有集中式数据仓库的概念上发展起来的，是满足传统数据库系统理论的分布式数据仓库系统，主要有 3 种类型：

1）同构同质：各数据节点采用相同数据模型，采用相同型号的数据库管理系统。
2）同构异质：各数据节点采用相同数据模型，采用不同型号的数据库管理系统。
3）完全异构：各数据节点采用不同数据模型。

在"大数据"背景下，具有数据分布存储、访问体系的数据存储系统均可认为是分布式数据仓库。广义分布式数据仓库主要包括 2 种类型：以 Hadoop 分布式文件系统（HDFS）为代表的分布式文件存储系统和传统的数据仓库与分布式文件系统的混搭架构。

（1）分布式数据仓库的类型

分布式数据仓库有以下 3 种类型：

1）业务是在不同地域或不同的生产线上进行的。在这种情况下，就出现了局部数据仓库和全局数据仓库。局部数据仓库是在远程站点上提供和处理数据，而全局数据仓库提供的是在整个业务范围集成后的数据。

2）数据仓库环境包括大量的数据，它们分布在多个处理器上。从逻辑上看只有一个数据仓库，但从物理上看，存在许多有紧密联系但存放在不同的处理器上的数据仓库。这种配置可称为技术上分布的数据仓库。

3）数据仓库环境是以一种不协调的方式建立起来的。先建立一个数据仓库，然后再建立另一个。不同数据仓库缺乏协调性的原因通常是政策和机构上的差异。这种情况可称为独立演进的分布式数据仓库。

不同类型的分布式数据仓库都有各自所涉及和要考虑的因素，我们将在随后各节对这些因素进行探讨。

（2）局部数据仓库和全局数据仓库

当一个企业遍及世界各地时，总部和分支机构都需要信息。中心数据仓库负责采集数据，同时可以满足总部对企业信息的需求。但是对于分布在不同国家的各个分支机构，仍然有建立各自的数据仓库的需要。这种情况下，就需要建立分布式数据仓库。数据以集中式和分布式两种方式存在。

当一个大企业有许多不同的业务时，又需要有局部/全局分布式数据仓库。尽管在不同范围的业务间可能很少或者没有必要集成，但是从企业层面（至少对于财务）来讲，在业务间需要有集成。不同范围的业务除了在财务上没有重合的地方，也可能存在相当大的业务集成，包括客户、产品和销售等。在这种情况下，企业集中式数据仓库就由不同范围业务的数据仓库来支持。

在某些情况下，数据仓库的一部分以集中（即全局）方式存在，而另外一些部分则以分布（如局部）方式存在。

为了便于理解基于地理或业务分布的分布式数据仓库在什么情况下起作用，考虑一些业务处理的基本拓扑结构。图 6-1 显示了一种常见的业务处理拓扑结构。

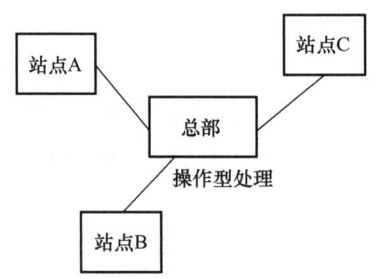

图 6-1 许多企业典型的业务处理拓扑图

如图 6-1 所示，某企业设有一个总部，负责处理所有的业务。如果在基于地理分布的分支机构上有一些业务处理的话，这些处理也是非常基本的，可能只有一些哑终端。在这

第6章 数据仓库与大数据技术

种拓扑结构中,没有必要建立分布式数据仓库环境。

当分支机构出现基本数据和事务的获取活动时,局部处理的复杂性将有所提高,如图 6-2 所示。在图 6-2 中,在分支机构上有少量的基本处理。一旦事务在局部发生并被捕获,它们就被传送到总部进行进一步处理。

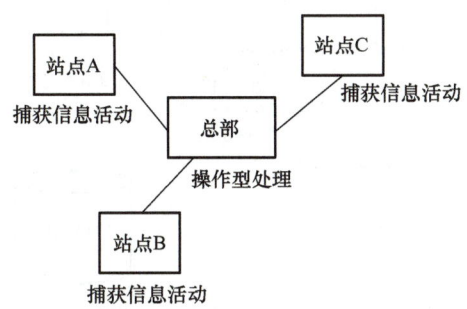

图 6-2　某些场合在站点层处理一些基本业务活动

在这种简单的拓扑结构中,也不需要建立分布式数据仓库环境。从业务的观点来看,在分支机构上并没有出现大量的业务,在分支机构所做的决策也不需要数据仓库。

现在,将图 6-3 所示的业务处理拓扑结构同前两种处理拓扑结构进行对比。在图 6-3 中,相当多的处理是在分支机构进行的,如销售、收银和付账。就操作型处理来说,分支机构站点是自主的。仅偶然地或对于某些特定的处理需要将数据和业务活动发送到总部处理。在总部存有一份集中的公司财务平衡表。对于这类企业来说,采用某种形式的分布式数据仓库是必要的。

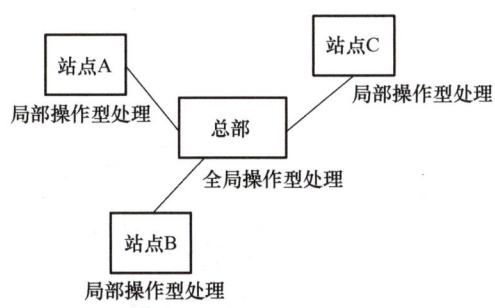

图 6-3　在分支机构做许多操作型处理

接下来,更常见的当然是在分支机构上要做大量的处理。如生产商品、雇佣销售人员、行销、建立完整的子公司等。当然,分支机构还要和所有其他部门做同一份财务平衡表。但总的来看,分支机构有效地运营自身的业务,只有很少数量的企业级业务集成。在这种情况下,在分支机构建立一个完整的数据仓库很有必要。

正如分布式商业模型有很多种一样,即将讨论的局部/全局分布式数据仓库也有很多种。那种认为局部/全局分布式数据仓库仅是一种简单的两级模式的看法是错误的。实际上，各种分布式数据仓库的分布程度有很多层次。

在大多数企业中，分支机构的自主权不大，拥有一个中心数据仓库，如图6-4所示。

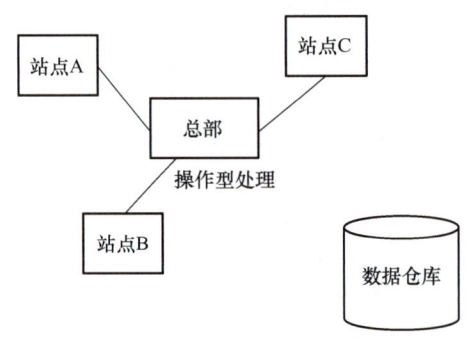

图6-4 大部分企业具有一个集中控制和集中存储的数据仓库

1）局部数据仓库。局部数据仓库是数据仓库的一种形式，仅包含对分支机构有意义的数据。每个局部数据仓库都有自己的技术、数据和处理器等。图6-5表明了一系列局部数据仓库的简单实例。

在图6-5中，局部数据仓库是为不同地区的分部或不同的技术联营组织创建的。局部数据仓库除了作用环境是局部的，具有与其他任何数据仓库相同的功能。例如，在巴西的数据仓库不包含在法国的任何业务活动信息，小汽车零部件数据仓库也没有任何有关摩托车的信息。换句话说，局部数据仓库包含的是在局部站点上的历史的和集成的数据。局部数据仓库间的数据或数据结构不需要协调一致。

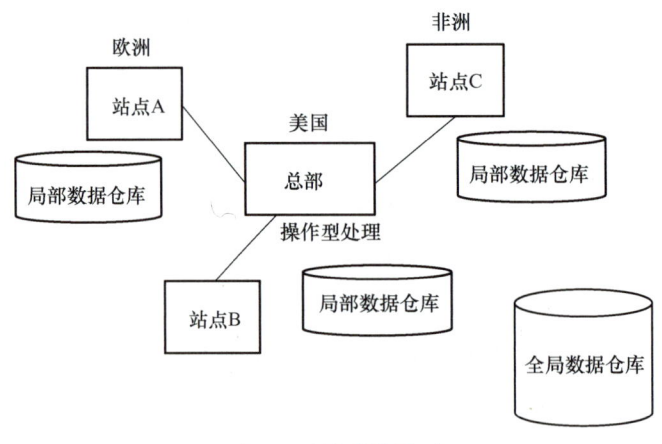

图6-5 局部数据仓库

2）全局数据仓库。如图6-6所示，全局数据仓库的范围涉及整个企业或组织，而企

第 6 章　数据仓库与大数据技术

业内部的每个局部数据仓库的范围只涉及各自服务的局部站点。例如，在巴西的数据仓库不用和在法国的数据仓库协调一致或共享数据，但在巴西的局部数据仓库必须与在芝加哥的公司总部数据仓库共享数据。又如小汽车零部件数据仓库不用和摩托车数据仓库共享数据，但是必须和在底特律的总部数据仓库共享数据。全局数据仓库的范围是在企业级集成的业务。有时，企业集成数据相当多，而有的时候则非常少。同局部数据仓库一样，全局数据仓库也包含历史数据。局部数据仓库的数据源如图 6-7 所示，可看出这些数据来源于相应的操作型系统。企业全局数据仓库的数据来源通常是局部数据仓库。有时，全局数据仓库也可能直接更新。

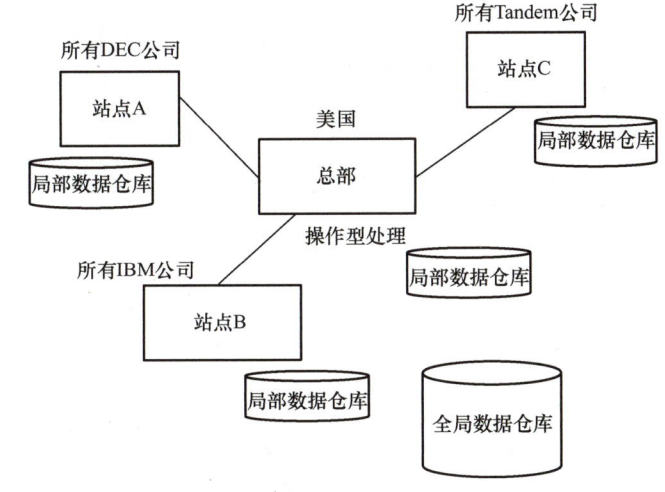

图 6-6　需创建两级数据仓库的情形

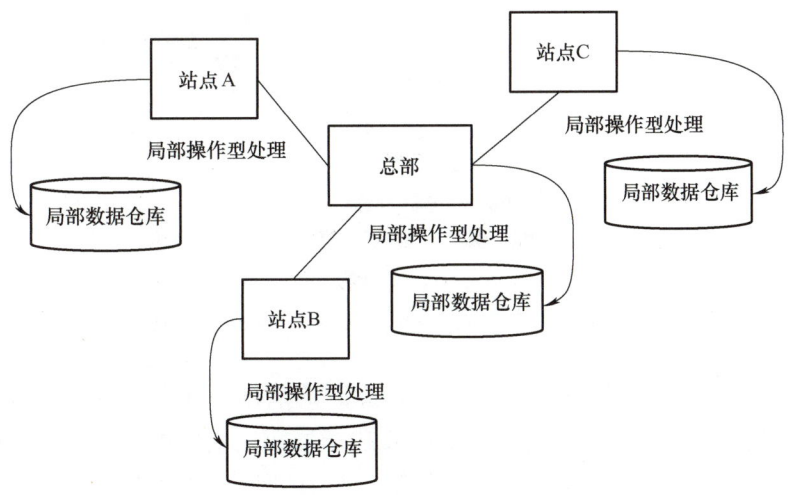

图 6-7　从局部操作型环境到局部数据仓库的数据流

全局数据仓库包含了必须在企业级被集成的信息。某些情况下，仅包含财务信息，有些情况下，可能包含客户、产品等集成的信息。有相当多的信息专属或仅用于分支机构，而其他企业通用信息需要在企业层次上共享和被管理。全局数据仓库中包含那些需要被全局管理的数据。

研究不同局部数据仓库数据的共性是一个很有意义的问题。每个局部数据仓库都有自己独特的数据和结构。在巴西的数据仓库中可能有许多亚马孙河上运输货物的信息，这些信息在香港和法国是没有用的。相反地，在法国的数据仓库可能存储着法国贸易团体和欧洲贸易的信息，但是这些信息对香港和巴西来说，意义很小。

再如，在小汽车零部件数据仓库、摩托车数据仓库和重型货车数据仓库之间可共享且有意义的是火花塞的信息，但是摩托车部门的轮胎信息对重型货车和小汽车零部件就没有意义。这是指局部数据仓库的共性和个性。

局部数据仓库间数据的重叠部分或公用部分是完全等同的，图 6-8 所示的局部数据仓库之间的无论什么数据、处理过程或定义都没有必要协调。

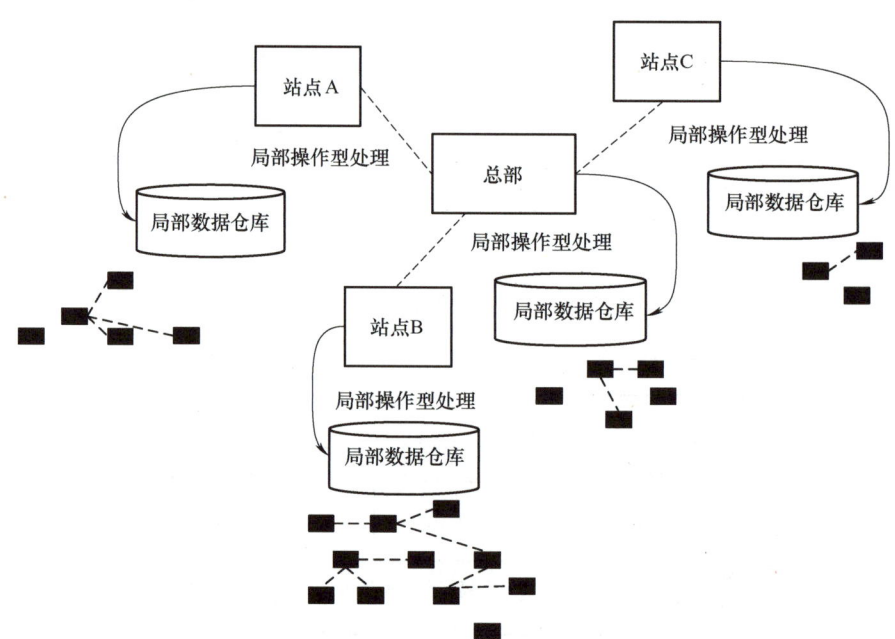

图 6-8　局部数据仓库间的数据及结构是不同的

然而，假定某企业内一个站点和另一个站点间的数据存在自然重叠是合理的。如果存在这样的交叉部分，那么最好将这些数据存放在全局数据仓库中。图 6-9 表明全局数据仓库中数据来自于现有的局部操作型系统的情形。公有数据可能包含财务信息、客户信息和零售商的信息等。

第 6 章　数据仓库与大数据技术

图 6-9 显示数据正从局部数据仓库环境转入到全局数据仓库环境。数据可能同时存在于两种数据仓库中，使得全局和局部数据出现重叠。当数据导入到全局数据仓库中时有一个简单的数据转换。例如，一个在局部数据仓库中以港币存储的信息在转入全局数据仓库时需要转换为美元。再如在法国数据仓库中的信息可能是用公制描述的，但在转入全局数据仓库时要转换为英制。

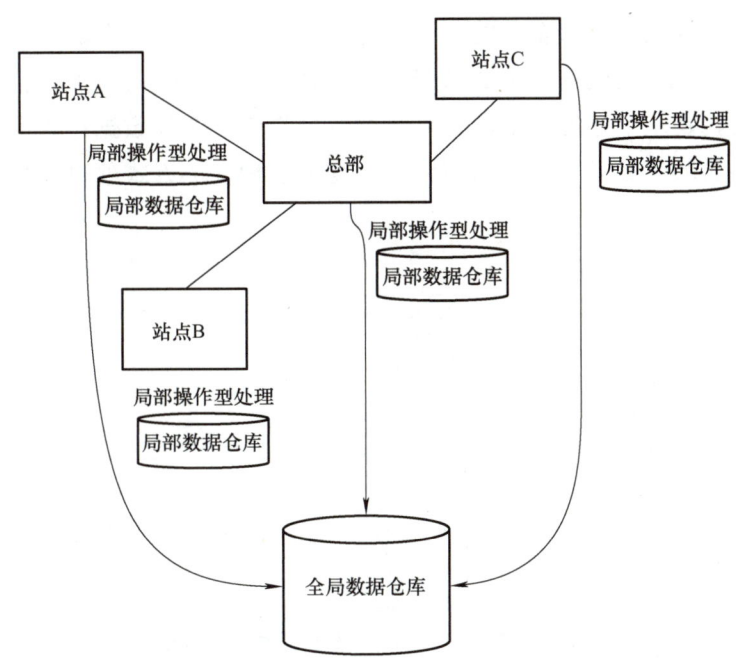

图 6-9　全局数据仓库中数据来自于现有的局部操作型系统

全局数据仓库中包含的是企业级公共数据和集成的数据。分布式数据仓库环境成功的关键是如何将局部操作型系统中的数据映射到全局数据仓库的数据结构中。这种映射决定哪些数据要进入到全局数据仓库、数据的结构和必须做的转换。映射是全局数据仓库设计的最重要的部分，对于每一个局部数据仓库来说映射都不同。

在创建全局数据仓库的过程中，从局部数据到全局数据的映射很可能是最困难的部分。对于某些类型的数据，全局数据仓库有一个公共的数据结构，包含和定义企业内所有的公有数据。但是，从每个局部站点到全局数据仓库的数据映射是不同的。换句话说，全局数据仓库是根据公共企业数据的定义和标识集中定义和设计的，而从已存在的局部操作型系统的数据映射是由局部设计者和开发者选择的。

从局部操作型系统到全局数据仓库系统的数据映射刚开始设计时很可能不完全准确。但是随着时间的推移，用户反馈信息的积累，这个映射将会逐步得到完善。如果对于一个数据仓库进行反复式开发,那么这种反复主要存在于局部映射的全局数据的创建和完善。

(3)局部和全局数据存取

与管理和构造局部和全局数据仓库所需要的策略类似,存在数据存取问题,在决策上存在一些重要的分歧和细微差别。

图 6-10 表明了一些局部站点存取全局数据的情形。这些存取方式正确与否是与查询有关的,它们可能是或者不是数据仓库的正确使用方法。例如,一个巴西的分析人员可能正在将巴西分部的盈利与整个企业的盈利进行比较分析。或许一个法国人正在察看整个企业的盈利能力。如果分支机构分析的意图是提高分支机构的效益,那么在分支机构对全局数据的存取可能就是一个好的政策。如果在存取过程中,全局数据作为信息使用,并且仅访问一次以提高局部业务运作,那么在分支机构上这种存取方式就可能是正确的。

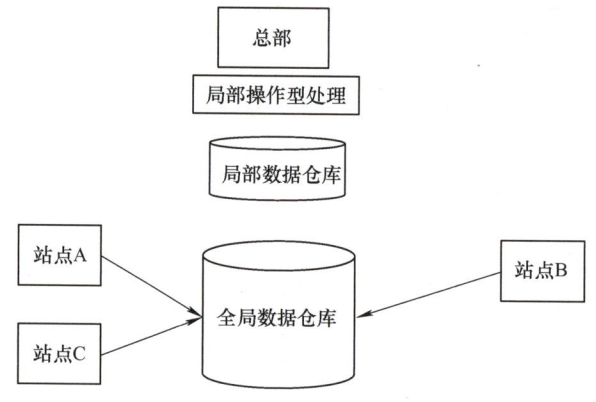

图 6-10 需判断局部站点是否应访问全局数据仓库

原则上,局部数据应局部使用,全局数据应全局使用。但这又会引发另一个问题:为什么全局分析还要在局部处理呢?例如,假设在香港的一个人将整个公司的利润和其他公司进行比较。除了这种全局分析最好在总部层进行以外,这个分析本身没有什么错误。这时必然会问:如果在香港的分析人员发现该公司没有与其他公司很好的竞争时会怎么办?在香港的分析人员对于这个信息能做些什么?这个人可能进行了全局性的思考,但是这个人并不是全局性的决策者。因此,如果不是为了提高局部业务运作,一个分支机构的分析人员是否应该为了其他目的察看全局数据是受到质疑的。原则上,局部业务分析人员应使用局部数据。

另一个问题是在体系结构化信息环境中信息请求的路径选择问题。当仅存在一个中心数据仓库时,关系不大。但是,当数据分布在一种复杂环境中时,就需要考虑如何确保信息请求来自正确的地方。

例如,通过查询局部站点来确定整个公司的薪资情况是不正确的。还有,在中心数据

第 6 章 数据仓库与大数据技术

仓库中查询上月在某一特定站点上某一特定服务的承包人支付了多少费用也是不正确的。对于局部和全局数据存在请求起因的问题，这在简单的集中式数据仓库环境中不会遇到。

还有一个局部/全局分布式数据仓库技术的重要问题是数据从局部数据仓库到全局数据仓库的传输。对于这个问题要考虑很多因素：

1）从局部环境到全局环境数据传输的频率以及全局数据仓库要求数据传输的速度。在分支机构出现业务活动的数量以及要传输的数据量。

2）从局部环境到全局数据仓库的传输是否合法，一些国家有严格的规定限制一些特定数据的传出和输入。

3）从局部环境到全局环境的数据传输需要的网络类型，在因特网上传输数据的安全性以及备份策略。

4）从局部环境到全局环境传输数据中哪些部分可见，数据仓库负载很重的时候是否传输数据。

5）局部/全局数据应采用什么技术，将局部技术转换为全局技术必须采取什么措施，在转换过程中出现数据丢失的情况如何处理。

与数据传输到全局数据仓库环境相关的问题有很多。有时候这些问题简单、平凡，但有时候却不是如此。

本章没有论述有关全局操作型数据这一相对独立的问题。到目前为止，本章假定每个局部站点都具有自己特有的操作型数据和处理。然而，局部站点的操作型系统间存在某些共性是完全可能的。在这种情况下，某种程度的公司操作型数据和处理或许是可取的。例如，有些客户可能需要进行全局的处理，如像可口可乐、麦当劳、IBM 和 AT&T 这样的大型跨国公司，对价格、订货量和货运的全局性考虑可能会与局部性的考虑不同。在这种全局操作型处理中，全局操作型数据仅成为全局数据仓库的另一个数据源。但是在操作型数据和 DSS 信息型数据之间还是存在差别。

分布式数据仓库的整个问题是比较复杂的。在简单的集中式数据仓库环境下，角色和职责是相当明了的。但是，在分布式数据仓库环境下，范围、协调和元数据，响应能力、数据传输以及局部数据映射等问题确实使得整个环境复杂化了。

对于全局数据仓库主要考虑的问题之一是数据仓库应该集中创建还是全局创建。全局数据仓库不应该进行集中设计和创建。对于全局数据仓库集中式构造（最好）仅有一个边缘的局部系统进入全局数据仓库。这说明在局部系统和全局数据的需求之间的映射定义是集中式的，而不是局部的。为了成功，必须对映射处理进行局部管理和控制。换句话说，创建和装载全局数据仓库最大的困难是局部数据和全局数据的映射。这些映射关系不能集中生成，必须局部生成。

例如，假设总部打算把巴西的数据映射到全局数据仓库。这会带来以下几个问题：

1）葡萄牙语不是总部的母语。
2）总部人员不理解分支机构的业务和习惯。
3）总部人员不理解分支机构的传统应用。
4）总部人员不理解局部数据仓库。
5）总部人员不能随时知道局部系统的变化。

从局部数据到全局数据仓库环境的映射不能由总部人员来集中创建，因此，分支机构必然是参与全局数据建造的一部分。

分支机构的数据应当采用尽可能灵活的形式。这就是说分支机构的数据必然是以关系型的方式在低粒度级别上进行组织的。如果分支机构数据是以一个星形连接的多维模型进行组织，要将其分割、重组后用来给全局数据仓库提供数据是相当困难的。

（4）分布式数据仓库的架构

分布式数据仓库可以通过采用对称多处理（Symmetrical Multi Processing，SMP）架构的纵向扩展（Scale up）和采用大规模并行处理（Massively Parallel Processing，MPP）架构的横向扩展（Scale out）这两种架构方式实现处理能力的提高。

在 SMP 架构下，系统依靠增加处理服务器内部配置来提高系统的处理能力。SMP 架构的优点是系统简单，在 CPU 数量较少时处理效率高。它存在的主要问题是扩展性有限，随着 CPU 数量增加，性能提升非线性。

在 MPP 架构下，系统依靠增加处理服务器数量提高系统处理能力。MPP 架构的优点是理论上其扩展无限制，目前的技术可实现上千个节点互联和数千个 CPU 协同工作。它存在的主要问题是对软件体系要求较高，需要通过软件层来调度、平衡各个节点的负载和并行处理过程。

在数据膨胀和分析复杂度快速提高的背景下，数据仓库对处理能力的要求超出了 SMP 架构的能力范围，最高配置的小型机处理能力也无法满足业务需求，必须通过 MPP 方式构建高可扩展的仓库系统。在海量数据分析压力下，MPP 架构已经成为当前数据仓库产品的主流架构。

（5）集群架构

分布式数据仓库集群架构主要包括 Shared Nothing 和 Shared Disk 两种。Shared Nothing 架构各计算节点自有数据存储，不进行共享；Shared Disk 架构所有计算节点共享相同的数据资源。

Shared Disk 架构：优点是高可用机制简单，当节点故障时，可以透明切换到其他数据库节点运行作业，节点间可实现动态负载均衡，数据一致性强。该架构的主要问题是节点规模有限，如 Oracle RAC 节点数超过 3 个后，会带来跨节点信息同步问题，造成系统不稳定，代表数据库是 Oracle。

Shared Nothing 架构：优点是扩展性强，将数据的规则散布到数据节点上，获得几乎线性的可扩展性。该架构的主要问题是数据部署需要额外的分布机制，且该机制决定了节点的负载均衡策略，副本方式在保障可用性的同时也带来了一致性问题。

Shared Disk 的横向扩展能力有限，不适合大规模数据仓库的应用；Shared Nothing 架构下数据仓库的数据通过哈希等机制合理分布到各个 MPP 节点上，能获得近线性的扩展能力。

（6）存储方式

目前，分布式数据仓库的存储方式主要分为行存储和列存储 2 种。行存储时间数据按照行顺序存入连续的物理位置；列存储将数据按照列顺序存入数据仓库。

列存储的主要优势：由于查询中的选择规则是通过列来定义的，因此，整个数据库是自动索引的，按列存储每个字段的数据聚集存储，在只需要查询少数几个字段时，能极大地减少读取的数据量，一个字段的数据聚集存储更容易为这种聚集存储设计更好的压缩/解压算法。列存储的劣势体现在按行进行操作的效率非常低下，代表产品是 Vertica。

未来行列混合存储将给数据仓库带来一次技术革新。单纯的行存储或列存储在使用上均不能很好地满足数据仓库分析的要求。混合存储技术可以根据数据访问特点有针对性地改变数据存储结构，在应用不做任何变更的情况下大幅度地提升系统运行效率，减少数据空间占用率，对大型数据仓库具有重要意义。

（7）关键技术

节点优化：分布式数据仓库通常包括管理节点和计算节点，对计算节点性能的优化是其提高数据仓库整体计算性能的手段之一，主要通过软件、硬件手段对计算节点进行优化。

数据分布：Shared Nothing 架构的数据仓库，数据在各节点上的分布方式是影响数据仓库性能最重要的因素。主要采用哈希算法以及其他数据分布优化方式，以期达到数据仓库性能的最优化。

索引：建立有效索引是提高分布式数据仓库性能的重要手段之一。列式数据仓库在索引方面具有天然优势，可采用"缺省索引"的方式；行式数据仓库建立索引算法，实现对数据的高效访问。

列式数据库根据数据类型的不同，可采用 B 树等数据结构，设定针对特定数据类型的索引；行式数据库可以采用 B 树、R 树等数据结构建立索引。

（8）冗余

全局数据仓库和局部数据仓库的问题之一就是数据的冗余或重叠。

一些细节级的数据不用经过任何的转换或变化就进入到全局数据仓库，但多数数据在从局部数据仓库导入到全局数据仓库时，要经过某种形式的换算、转化、重新分类或者汇总。

在这种情况下，在全局数据仓库和局部数据仓库之间（严格地说）不存在数据冗余。例如，假设在香港的数据仓库记录了一笔 175000 港元的交易数据。这笔业务可能被分成几个小的业务，交易额可能会被换算，业务可能和其他的一些业务合并等。这说明局部数据仓库的细节数据和全局数据仓库的数据之间一定存在一种关系，但是在两种环境之间不会有数据冗余。

如果局部数据仓库和全局数据仓库间存在大量的数据冗余，即表明没有正确定义不同级别数据仓库所辖的范围。当局部数据仓库和全局数据仓库间出现大量的数据冗余时，会出现蜘蛛网系统。蜘蛛网系统会带来很多问题，如不一致的结果、不能很容易地创建新系统和操作的代价问题等。为此，除了少量数据的偶然重叠外，应当对局部数据和全局数据实行互斥。这是一种很重要的策略。

（9）非结构化数据处理

非结构化数据处理的主要关键技术包括自然语言和多媒体处理技术。自然语言理解为可以采用语文分析或者大规模计算技术；多媒体处理技术包括图像识别、话音识别和多媒体索引等技术。

6.2 流式计算

在日常生活中，我们通常会把数据存储在一张表中，然后再进行加工、分析，这里涉及一个时效性的问题。如果处理以年、月为单位级别的数据，那么数据的时效性要求并不高；但如果处理的是以天、小时，甚至分钟为单位的数据，那么对数据的时效性要求就比较高。在第二种场景下，如果我们仍旧采用传统的数据处理方式，统一收集数据，存储到数据库中，之后再进行分析，就可能无法满足时效性的要求。

流式计算是一种处理实时数据流的计算模型，它允许对连续不断产生的数据流进行实时处理和分析。与批量计算相比，流式计算能够立即响应新数据的到来，并且具有低延迟和高吞吐量的特点。流式计算通常用于处理实时监控数据、实时分析和实时决策等场景，如网络数据分析、金融交易监控和智能物联网设备数据处理等。常见的流式计算框架包括 Apache Storm、Apache Flink 和 Apache Kafka 等。

流式计算为数据仓库提供了实时性和灵活性，使得数据仓库不仅能够存储和管理大量的历史数据，还能够实时反映业务的最新状态，为企业提供更加灵活、高效的数据处理和分析能力，大大扩展了数据仓库的功能和应用场景。本节将依次介绍流式计算与批量计算的区别，之后会详细介绍流式计算的框架、平台与相关产品，然后介绍它的应用场景以及价值。

6.2.1　流式计算与批量计算

大数据的计算模式主要分为批量计算（Batch Computing）、流式计算（Stream Computing）、交互计算（Interactive Computing）和图计算（Graph Computing）。

其中，流式计算和批量计算是两种主要的大数据计算模式，分别适用于不同的大数据应用场景。

流数据是指在时间分布和数量上无限的一系列动态数据集合体，数据的价值随着时间的流逝而降低，因此必须实时计算给出秒级响应。流式计算，顾名思义，就是对数据流进行处理，是实时计算。批量计算则是统一收集数据，并将收集到的数据存储到数据库中，然后对数据进行批量处理的数据计算方式。

流式计算与批量计算的不同主要体现在以下几个方面：

数据时效性不同：流式计算实时、低延迟；批量计算非实时、高延迟。

数据特征不同：流式计算的数据一般是动态的、没有边界的；而批量计算的数据一般则是静态数据。

应用场景不同：流式计算应用在实时、时效性要求比较高的场景，如实时推荐、业务监控等；批量计算一般说批处理，应用在实时性要求不高、离线计算的场景下，如数据分析、离线报表等。

运行方式不同：流式计算的任务是持续进行的；批量计算的任务则一次性完成。

6.2.2　流式计算框架与平台

流式计算框架、平台与相关产品是在大数据领域中，用于处理实时数据流的重要组成部分。这些框架和平台可以帮助企业实时分析和处理数据，从而及时做出决策并提供实时的反馈。

流式计算的主要框架有 Apache Storm、Apache Spark Streaming 和 Apache Flink。这些框架都提供了处理实时数据流的能力，但在实现细节和性能方面可能有所不同。

Apache Storm 是一个开源的流式计算框架，由 Twitter 开发，用于实时数据处理。它的核心概念是拓扑（Topology），其中包含了 Spout 和 Bolt 两种角色，用于数据流的传递和转换。

Apache Spark Streaming 是 Apache Spark 的扩展，它将实时数据流切分为小批处理的弹性分布式数据集（RDD），并可以通过各种函数和窗口计算进行转换操作。

Apache Flink 则是针对流数据和批数据的计算框架，将批数据视为流数据的一种特例。Flink 创新性地统一了流处理和批处理，提供了低延迟、不丢失和不重复的消息传输。

此外，还有商业级和开源的流式计算平台，如 IBM InfoSphere Streams 和 IBM StreamBase，它们为企业提供了成熟稳定的解决方案，适用于企业级应用。而开源的流式计算框架如 Twitter Storm 和 S4 则更具灵活性，可以根据需求进行定制和扩展。

6.2.3 流式计算主要应用场景

流式计算可以用于两种不同场景：事件流和持续计算。

（1）事件流

事件流能够持续产生大量的数据，这类数据最早出现于传统的银行和股票交易领域，也在互联网监控、无线通信网等领域出现，需要以近实时的方式对更新数据流进行复杂分析，如趋势分析、预测和监控等。简单来说，事件流采用的是查询保持静态、语句固定、数据不断变化的方式。

（2）持续计算

对于大型网站的流式数据，即网站的访问 PV/UV，用户访问了什么内容、搜索了什么内容等，实时的数据计算和分析可以动态实时地刷新用户访问数据，展示网站实时流量的变化情况，分析每天各小时的流量和用户分布情况。

在金融行业，毫秒级延迟的需求至关重要。一些需要实时处理数据的场景也可以应用 Storm，如根据用户行为产生的日志文件进行实时分析，对用户进行商品的实时推荐等。

6.2.4 流式计算的价值

通过大数据处理我们获取了数据的价值，但是数据的价值是恒定不变的吗？显然不是，一些数据在事情发生后不久就有了更高的价值，而且这种价值会随着时间的推移而迅速减少。流式计算的关键优势在于它能够更快地提供洞察力，通常在毫秒到秒之间。

流式计算的价值在于业务方可在更短的时间内挖掘业务数据中的价值，并将这种低延迟转化为竞争优势。比方说，在使用流式计算的推荐引擎中，用户的行为偏好可以在更短的时间内反映在推荐模型中，推荐模型能够以更低的延迟捕捉用户的行为偏好以提供更精准、及时的推荐。

流式计算能做到这一点的原因在于，传统的批量计算需要进行数据积累，在积累到一定量的数据后再进行批量处理；而流式计算能做到数据随到随处理，有效降低了处理延时。

6.3 Hadoop

Hadoop 是由 Java 语言编写的，在分布式服务器集群上存储海量数据并运行分布式分析应用的开源框架。它具有无共享、高可用、弹性可扩展的特点，非常适合处理海量数据。

数据仓库适合结构化数据的存储和复杂查询操作，主要服务于业务智能（BI）、报表分析等场景。而 Hadoop 更擅长处理大规模的、结构化或非结构化的数据集，提供成本效益高的数据存储和强大的并行计算能力。在实际应用中，Hadoop 可以作为数据仓库的一个补充，处理和存储大量原始数据，然后将部分数据经过加工后导入数据仓库进行深入分析。有效地结合数据仓库的分析能力和 Hadoop 的大数据处理能力，企业可以构建出更加强大、灵活的数据处理和分析平台，以支持复杂的业务需求和数据科学项目。

Hadoop 生态圈是以 Hadoop 为基础的一个庞大体系，包括多个子系统，每个子系统解决特定问题域。狭义的 Hadoop 包括 HDFS、MapReduce 和 YARN，而广义的 Hadoop 则指整个以 Hadoop 为核心的生态圈。这个生态系统是一个相互兼容的应用框架集合，形成了一个独立的应用体系。

下面将介绍数据仓库用到的一些 Hadoop 技术。

HDFS（Hadoop Distributed File System）：HDFS 是 Hadoop 的基础，提供了一个高度可靠和可扩展的分布式文件存储系统。它能够存储大量的数据集，并通过在多个节点上存储数据的副本来确保数据的高可用性。数据仓库可以利用 HDFS 来存储原始数据或处理后的数据，特别是处理非结构化数据或大规模数据集。

MapReduce：MapReduce 是 Hadoop 的核心计算模型，支持分布式处理大数据集。它通过将计算任务分解为多个小任务（Map 阶段）并并行处理，然后再将结果汇总（Reduce 阶段），以实现高效的数据处理。数据仓库中的 ETL（Extract，Transform，Load）操作可以通过 MapReduce 来实现，尤其适合复杂的数据处理和转换任务。

Apache Hive：Hive 是建立在 Hadoop 之上的数据仓库基础设施，提供了 SQL 查询功能，使用户能够读取、写入和管理存储在 HDFS 中的数据。Hive 适用于那些熟悉 SQL 的用户，可以使他们在不了解 Java 或 MapReduce 的情况下进行大数据集的查询和分析。Hive 广泛用于数据仓库的数据查询、数据摘要以及数据分析。

Apache HBase：HBase 是一个开源的非关系型分布式数据库（NoSQL），运行在 HDFS 之上，提供了类似于 Google Bigtable 的能力。它适用于需要随机、实时读/写访问大数据集的场景。在数据仓库架构中，HBase 可以用作实时查询和分析的存储层，尤其是在处理大量的稀疏数据集时。

Apache Sqoop：Sqoop 是一个用于在 Hadoop 和传统数据库之间高效传输数据的工具。

它可以将数据从关系型数据库导入到 Hadoop 的 HDFS 中，也可以将数据从 HDFS 导出到关系型数据库。在数据仓库中，Sqoop 常被用于数据的导入和导出操作，特别是在与传统数据仓库系统集成时。

Apache Flume：Flume 是一个分布式、可靠且可用的系统，用于有效地收集、聚合和移动大量日志数据到 Hadoop 的 HDFS 中。它支持自定义数据流管道和多种数据源。在数据仓库中，Flume 可以用于实时日志数据的收集和存储，为后续分析提供数据支持。

Apache Spark：虽然 Spark 并非最初的 Hadoop 生态系统的一部分，但它已经成为处理大规模数据集的首选框架之一。Spark 提供了比 MapReduce 更快的数据处理能力，支持实时流处理、批处理、机器学习和图形处理等。在数据仓库中，Spark 可以用于加速数据处理和分析任务，特别是对于需要复杂数据处理和快速迭代的场景。

Apache Kylin：Apache Kylin 是一个开源的、分布式的分析数据仓库，它提供了 SQL 接口和多维分析（OLAP）能力来支持超大规模数据。

Hadoop 生态系统的优势在于能够处理大规模数据的存储和计算，但也存在一些缺点，如读写时效性较差、组件之间的兼容性差等。总体而言，Hadoop 生态圈为大数据处理提供了全面的解决方案。

6.4 NoSQL 技术

NoSQL 即非关系型数据库，它是一类数据库管理系统，相对于传统的关系型数据库（如 MySQL、Oracle 等），NoSQL 不遵循传统的关系型数据库模型。NoSQL 通常更适合处理大规模的无结构或半结构化数据，并且具有更好的横向扩展性。通过合理地结合使用 NoSQL 的灵活性和数据仓库的分析能力，企业可以构建一个强大的数据管理和分析环境，以支持各种数据驱动的决策和业务需求。

NoSQL 的出现旨在解决传统关系型数据库在海量数据、高并发、高扩展性和高可用性方面的不足。NoSQL 针对这些挑战提供了更好的解决方案，NoSQL 具备灵活的可扩展性、灵活的数据模型，并与云计算紧密结合。与此相比，传统关系型数据库存在性能上的缺陷，如海量数据管理、高并发、高扩展性和高可用性等问题，而 MySQL 集群方式也存在复杂性、延迟性和扩容问题。

NoSQL 的快速发展源于关系型数据库无法满足 Web2.0 的需求，这主要是因为数据模型的局限性以及未充分发挥关系型数据库特性等原因。在数据库比较方面，关系型数据库具备完备的关系代数理论基础，而 NoSQL 缺乏理论基础。在数据规模方面，关系型数据库难以实现横向扩展，而 NoSQL 具有良好的水平扩展能力。关系型数据库需要定义严格的数据库模式，而 NoSQL 数据模型更灵活。在查询效率方面，关系型数据库对适当数

第 6 章 数据仓库与大数据技术

量级的查询效率高，而 NoSQL 未构建面向复杂查询的索引，导致查询性能较差。在事务一致性方面，关系型数据库遵循 ACID 事务模型，而 NoSQL 采用 base 模型，只能保证最终一致性。数据完整性、可用性、标准化、技术支持和可维护性等方面也存在差异。关系型数据库与非关系型数据库的比较见表 6-3。

表 6-3 关系型数据库与非关系型数据库的比较

关系型数据库（RDBMS）	非关系型数据库（NoSQL）
高度组织化结构化数据	非结构化和不可预知的数据
结构化查询语言（SQL 语言）	没有声明性查询语言
数据和关系都存储在单独的表中	没有预定义的模式
数据操纵语言，数据定义语言	键—值对存储，列存储，文档存储，图形数据库
严格的一致性	最终一致性，而非 ACID 属性

NoSQL 的类型包括列族数据库（如 HyperTable、HBase、Cassandra）、文档数据库（如 MongoDB、CouchDB）、键—值数据库（如 Redis、MemcacheDB）、图数据库（如 Neo4J、FlockDB）、面向对象的数据库（如 db4o、Versant）和 XML 数据库（如 Berkeley DB XML、BaseX）。每种类型都有其特点，见表 6-4。

表 6-4 各类型非关系型数据库及其特点

数据库类型	代表	特点
列存储	HyperTable HBase Cassandra	顾名思义，列存储是按列存储数据的。最大的特点是方便存储结构化和半结构化数据，方便做数据压缩，对针对某一列或者某几列的查询有非常大的 IO 优势
文档存储	MongoDB CouchDB	文档存储一般用类似 JSON 的格式存储，存储的内容是文档型的。这样也就有机会对某些字段建立索引，实现关系型数据库的某些功能
键—值存储	Redis MemcacheDB	可以通过 key 快速查询到其 value。一般来说，存储不管 value 的格式，照单全收（Redis 包含了其他功能）
图存储	Neo4J FlockDB	图形关系的最佳存储。使用传统关系型数据库来解决的话性能低下，而且设计使用不方便
对象存储	db4o Versant	通过类似面向对象语言的语法操作数据库，通过对象的方式存取数据
XML 数据库	Berkeley DB XML BaseX	高效地存储 XML 数据，并支持 XML 的内部查询语法，如 XQuery，Xpath

综上所述，NoSQL 的产生旨在弥补传统关系型数据库的不足，提供更灵活、高效的解决方案，以适应 Web2.0 时代的需求。不同类型的 NoSQL 在各自领域都具有一定的优势和适用场景。

6.4.1 CAP 理论

CAP 理论是分布式系统领域的一项基础理论，最早由 Eric Brewer 提出。该理论指出，在一个分布式计算系统中，无法同时满足一致性（Consistency）、可用性（Availability）和分区容错性（Partition tolerance）这 3 个特性。具体而言，CAP 理论包括以下 3 个要点：

C——Consistency——一致性：任何一个读操作总能读到之前完成的写操作的结果。

A——Availability——可用性：快速获取数据，可以在确定的时间内返回操作结果，保证每个请求不管成功或失败都有响应。

P——Partition tolerance——分区容错性：当出现网络分区的情况时（系统中的一部分节点无法和其他节点进行通信），分离的系统也能够正常运行。

6.4.2 BASE 原则

BASE 原则的全称是 Basically Available，Soft state，Eventually consistent。BASE 是 NoSQL 的理论基石，与关系型数据库中的 ACID 是对应关系。BASE 是 NoSQL 通常对可用性及一致性的弱要求原则，其中包括：

基本可用性：一个分布式系统的一部分发生问题变得不可用时其他部分仍然可以正常使用，允许出现失败的情形。

软状态 / 柔性事务：状态可以有一段时间不同步，具有一定的滞后性。（硬状态是指数据库必须一直保持数据库一致性。）

最终一致性：高并发的数据访问操作下，后续操作是否能够获取最新的数据。

关系型数据库的 ACID 原则与 BASE 原则的对比见表 6-5。

表 6-5 ACID 原则与 BASE 原则的对比

ACID	BASE
原子性（Atomicity）	基本可用（Basically Available）
一致性（Consistency）	软状态 / 柔性事务（Soft state）
隔离性（Isolation）	最终一致性（Eventually consistent）
持久性（Durable）	

6.4.3 常见的 NoSQL 数据库

（1）HBase

HBase 的全称是 Hadoop Database，如同字面意思，它是 Hadoop 系统的数据库，为 Hadoop 框架当中的结构化数据提供存储服务。HBase 是面向列的分布式数据库。HBase

第 6 章　数据仓库与大数据技术

不同于一般的关系型数据库，它是一个适合于非结构化数据存储的数据库。另一个不同的是 HBase 基于列的而不是基于行的模式。HBase 是一个高可靠性、高性能、面向列、可伸缩的分布式存储系统，利用 HBase 技术可在廉价 PC Server 上搭建起大规模结构化存储集群。

HBase 的工作原理是客户端（Client）发送对应的请求（增、删、改、查），第一步，客户端会从 Zookeeper 中获取一个-ROOT-表的元信息（即-ROOT-的位置）；第二步，客户端去读取对应的-ROOT-表的信息，-ROOT-表中存储了对应的 Meta 的元数据信息；第三步，客户端知道了 Meta 表元数据信息后去读取对应 Meta 表的信息，Meta 表存储了对应存放数据的 RegionServer 的位置信息等；第四步，去获取对应 RegionServer 上的数据。

HBase 相较于传统的关系型数据库有其独到的优势，关系型数据库存储数据会有空的项，浪费空间，而 HBase 通过列存储对存储空间的利用率更高。关系型数据库的存储见表 6-6，HBase 的存储方式见表 6-7。

表 6-6　关系型数据库的存储

学号	姓名	性别	年龄	爱好	证书
1	李一	男	22	打篮球	NULL
2	王二	女	22	NULL	CET-4

表 6-7　非关系型数据库 HBase 的存储

学号-1	姓名：李一
学号-1	性别：男
学号-1	年龄：22
学号-1	爱好：打篮球
学号-2	姓名：王二
学号-2	性别：女
学号-2	年龄：22
学号-2	证书：CET-4

如表 6-6 和表 6-7 所示，关系型数据库有部分数据是空缺的，但由于列表形式所以必须占用存储空间。而 HBase 数据库则是把数据拆开，只存实际存在的信息，这样就避免空间浪费了。

（2）MongoDB

MongoDB 是一款用 C++ 语言编写的跨平台文档导向数据库系统。MongoDB 使用灵活的类 JSON 文档来存储数据，非常适合处理非结构化或半结构化数据。它还提供高可用性，通过分片实现水平扩展性，以及支持多种编程语言。此外，MongoDB 通常用于现代 Web 应用程序和其他需要灵活性和可扩展性的场景。

MongoDB 工作原理：

1）存储引擎：MongoDB 使用存储引擎将数据持久化到磁盘上。常用的存储引擎包括 WiredTiger 和 MMAPv1。它们负责管理数据的读写操作、索引维护等。

2）查询处理：当应用程序发送查询请求时，MongoDB 的查询路由会将请求路由到相应的 Shard 上（如果使用了分片），或者直接在单个节点上进行处理。查询路由还负责将结果返回给应用程序。

3）分片和复制：如果配置了分片和副本集，MongoDB 会根据分片键将数据分布到不同的 Shard 上，并且将数据复制到不同的节点上以实现高可用性。

4）索引优化：MongoDB 使用索引来加速查询操作，通过适当地创建和使用索引，可以显著提高查询效率。

5）数据管理：MongoDB 提供了丰富的数据管理功能，包括事务处理、数据备份与恢复、安全性控制等，保证了数据的完整性和安全性。

文档型数据库（MongoDB）与面向列的数据库（HBase）的区别见表 6-8。

表 6-8 文档型数据库与面向列的数据库的区别

比较项	文档型	列型
数据模型	文档型数据库以文档为基本单位，通常使用类似 JSON 的格式来表示数据，支持嵌套结构和灵活的模式设计	面向列的数据库以列族为基本单位，数据按行键进行存储，每个行包含多个列族，每个列族包含多个列限定符
存储结构	文档型数据库通常将相关数据组织在一个文档中，文档之间可以具有不同的结构，但通常属于相同的集合或表	面向列的数据库以列族进行存储，同一列族内的数据会被存储在一起，这样可以实现高效的列操作和检索
使用场景	文档型数据库适合存储复杂的结构化数据或半结构化数据，例如 Web 应用程序中的用户配置信息、日志数据等	面向列的数据库适合以列为单位进行频繁读写操作的场景，例如时间序列数据存储、实时分析等

（3）Redis

Redis 是一款开源的内存型数据存储系统，可用作数据库、缓存和消息队列。它支持多种数据结构，并提供丰富的操作命令来处理这些数据结构。Redis 的特点包括快速的读写性能、持久化选项、集群支持以及广泛的应用场景。由于其高性能和灵活性，Redis 被广泛应用于 Web 应用程序中的缓存、会话存储、实时分析和排行榜等场景。

Redis 的原理如下：

1）内存存储：Redis 将数据存储在内存中，这使得它具有非常快速的读写操作，适合于对性能要求较高的应用场景。同时，Redis 也支持将数据异步地持久化到磁盘上，以保证数据的可靠性。

2）数据结构：Redis 支持多种数据结构，如字符串、哈希表、列表、集合和有序集合等。每种数据结构都有相应的命令来进行操作和管理。

3）单线程模型：Redis 使用单线程的事件驱动模型，通过事件循环来处理客户端请求，这样可以避免线程切换和同步锁的开销，提高了并发处理能力。

4）持久化：Redis 支持两种持久化选项，分别是快照（Snapshot）和追加式文件（Append-Only File），这些机制确保了即使在断电情况下，数据也不会丢失。

5）主从复制：Redis 支持主从复制，可以将数据同步到多个节点上，从而提高系统的可靠性和可用性。

（4）Neo4j

Neo4j 是一款知名的图形数据库，专门用于存储、管理和查询图形数据。它采用图结构来组织数据，包括节点（Vertex）和边（Edge），并提供了灵活而强大的查询语言 Cypher，用于进行复杂的图形查询操作。Neo4j 的特点如下：

1）图结构存储：Neo4j 使用节点和边的图结构表示数据，这使得表达实体之间的关系非常自然和直观，适合处理高度关联性的数据模型。

2）Cypher 查询语言：Neo4j 的查询语言 Cypher 类似于 SQL，但针对图形数据模型具有更为丰富的功能，能够进行复杂的图形遍历和分析。

3）高性能：由于其内部采用了有效的索引和缓存机制，Neo4j 具有良好的读取性能，并且能够轻松应对复杂的图形查询需求。

4）ACID 兼容：Neo4j 支持事务操作，并且符合 ACID（原子性、一致性、隔离性和持久性）特性，保证数据的一致性和可靠性。

5）适用场景：Neo4j 适合处理社交网络分析、推荐系统、路径规划和网络拓扑结构等需要强调实体关系的场景。

6）图形可视化：Neo4j 还提供了图形可视化的工具，帮助用户直观地理解和探索存储在数据库中的图形数据。

6.5 小结

本章第一部分首先对传统数据仓库的系统架构进行了介绍，包括体系结构概念和主要目的。接着，详细讨论了数据仓库的体系结构，涵盖了数据源、数据存储与管理、OLAP 服务器以及前端工具与应用等关键组成部分。之后探讨了分布式数据仓库的概念，包括同构同质、同构异质和完全异构等狭义分布式数据仓库类型，以及分布式文件系统和混搭架构等广义分布式数据仓库。

第二部分讨论了流式计算的重要性，介绍了日常数据处理中对时效性的需求，详细解释了流式计算作为一种处理实时数据流的计算模型的特点。

第三部分介绍了大数据技术领域中最为成熟的技术代表之一，Hadoop。其主要用于在分布式服务器集群上存储海量数据并运行分布式分析。探讨了 Hadoop 的定义、特点以及与数据仓库相关的 Hadoop 生态圈。

第四部分讨论了 NoSQL 技术，即非关系型数据库。探讨了 NoSQL 数据库的起源、发展背景以及不同类型的 NoSQL 数据库。并介绍了各种类型 NoSQL 数据库的起源、特点、工作原理以及适用场景。

第 7 章　数据仓库与数据中台

通过本章学习，你将能回答以下问题：
- 数据中台是什么？
- 数据中台和数据仓库有什么关系？
- 数据中台如何建设？
- 数据中台有什么价值？

数据仓库为中台提供服务。中台战略源于互联网企业，是企业适应数字业务的快速发展和外部竞争环境变化的产物。中台的形式使得企业可以不用重新设计，直接开发来自不同部门的新业务需求，从而避免重复功能建设和维护带来的资源浪费，也极大地解决了前台"烟囱林立"、新业务创新、开发效率低下的问题。

本章从数据中台的概念开始，详细介绍数据中台与数据仓库的联动关系，并重点讲述数据中台的架构与设计方法。

7.1　数据中台的基本概念

数据中台是一套可持续"让企业的数据用起来"的机制，是一种战略选择和组织形式，是依据企业特有的业务模式和组织架构，通过有形的产品和实施方法论支撑，构建一套持续不断把数据变成资产并服务于业务的机制。

数据中台是一种集数据采集连通、统一治理、建模分析和服务应用于一体的综合性数据能力平台，为企业数智化转型提供能力底座。数据中台是人工智能等新技术加持下的企业数据的高阶应用新阶段。

数据中台结合大数据和人工智能技术，将企业内外的所有数据整合在一起，形成一个可以随时查询、分析和应用的统一数据平台。它不仅包括数据集成、清洗、存储和计算等各种技术，还涉及数据治理、数据安全、数据隐私和数据标准化等方面。与传统的数据集成平台不同之处是，数据中台结合了人工智能的技术，能够得到 AI 智能的帮助，国内的 ETLCloud、得帆目前都结合了人工智能，能够更好地处理数据问题。

数据中台被誉为大数据的下一站，由阿里兴起，核心思想是数据共享。数据中台的核心还是数据仓库，区别是新增了标签体系，整合了 AI 服务能力和数据分析能力，在核心基础之上有很多创新。

7.1.1 数据中台的特征

第一，数据中台是能力共享平台。如今，很多产品应用研发初始都在强调功能性，各个功能都存在或多或少的重复性。然而企业对这些产品功能的定义并不相同，当客户产生某些需求时，由于定义的不同，产品功能和功能间的数据很难打通，也无法实现能力共享。在数据中台基础上的应用开发并不强调功能性，更注重能力的共享。这种能力就像水电煤一样可以直接向外输出使用，从而满足业务部门和用户的不同需求。

第二，数据中台是有机的一体化平台，包含模型资产、应用资产、工具资产和技术资产为一体的赋能平台。数据中台不只是输出技术能力，数据能力、资产能力、应用能力以及制度能力等也是中台的价值输出。数据中台的核心点在于赋能业务部门及用户，以应用为出发点，快速响应前台和外部的需求，帮助业务部门创造业绩，形成企业增长。

第三，数据中台是新一代的数据架构思路，其工作原理是以应用为出发点，进行数据整合，最终呈现的结果是数据应用的平台。随着未来科学技术愈发先进，人们的需求千变万化，各种应用也就顺其自然的产生，而以纯技术为导向的中台很难快速响应外部的应用需求。数据中台是一种端到端的技术平台，而不是一堆 API 的接口，其更注重业务端的使用和业务价值的体现。数据中台的建设需要结合业务部门灵活的应用需求，技术部门强大的数据治理、数据建模等能力，以及公司各个部门和资产的多维配合。它是集合了业务、技术和公司资产的有机结合体，并不是片面的模块组合体。

第四，数据中台是一种新的技术建设思路，它打破了企业传统的功能式和集成式的建设思路。以前企业产品打造的过程先依靠工程师搭建基础技术架构，架构搭建完成后再添加应用功能。这种建设思路比较适合产品模式稳定的企业，对于应用需求多变、应用出发点一时无法统一的公司来说并不是最佳的选择。这种因为工程或者基础设施而建设的产品最终会无法为业务部门提供更多价值。

因此，以应用为核心思考点的建设思路才是企业保持长久生命力的关键，而数据中台的建设将帮助企业改变传统的产品应用建设方式。最后，数据中台不是多个管理系统和分析工具的集成。传统企业为提高管理效率会部署 CRM、ERP 等多种管理系统，这些管理系统主要承担管理基础数据的作用，虽然也提供一些简单业务分析，但对企业运营决策价值有限，尤其当企业外部需求越来越多变，仅具有数据采集、存储和简单分析功能的传统企业信息化系统早已无法满足市场需求。

为了摆脱困境，一些企业通过将多个管理系统的账号打通，并增设各种分析工具的方式来对原有系统进行"技术升级"，但这种集成式的建设思路仍无法真正赋能业务对象。数据应用多样化，大量临时的、即时的和分散的需求不断产生，数据模型需要根据业务重点经常调整，企业仅通过联通各个管理系统账号和添加分析工具，无法真正有效地响应前台和外部的需求。更重要的是，多个管理系统和分析工具的集成虽然可能一时为企业解决了部分问题，但是各个系统产品的建设思路不一致，产品与产品间既有重叠功能，也有边界划分，且产品之间定义并不相同，无法形成统一的、无缝结合的数据资产。产品与产品之间的技术出入会导致应用的出错，最终影响用户对产品的信任。由此，集成式的建设方式给技术部门形成巨大的维护成本和治理成本，并没有达到数据中台建设的真正目的。

7.1.2 数据中台与数据仓库

数据中台是在数据仓库基础上发展起来的一种新型企业架构。数据中台提供对用户有价值的信息，通过多维数据建模能力对现有信息进行抽象和提炼，为企业创造新价值。其基本理念是：利用先进技术手段和强大的业务理解能力，让业务部门快速响应市场变化，及时发现问题并优化业务流程和工作效率，提升企业整体竞争力。

在概念上，数据仓库是应用程序数据的集成中心，也是企业内部处理多个数据源的统一门户，支持多个应用系统（如 ERP、CRM 和 OA 等），通过整合多个数据源产生的数据，对其进行分析、加工，再向各个业务系统输出高价值的信息，同时也支持整个企业的日常管理。例如：销售订单系统、进销存系统和供应商管理系统等。数据中台是把传统的数据仓库和数据湖理念结合在一起，提供统一的平台以方便用户自定义各种分析主题，并且向用户提供开放的接口，让用户可以以很低的成本获得对组织内部大数据分析工具进行配置、使用等功能。

在数据来源上，数据仓库是数据集成的平台，由各种数据源组成，包括各个业务系统产生的数据，也包括外部单位和第三方系统产生的数据，还包括历史记录数据和非结构化的文本信息。这些数据都经过了一定的清洗和集成过程，需要进行适当的转换才能进入数据仓库。数据中台是为企业提供业务应用服务而开发的企业大数据平台，由各部门业务系统产生的业务数据，以及非结构化文本信息组成。因此，其更多的是面向不同用户需求而构建的，所以来源更加复杂多样。

在解决的问题类型上，数据仓库解决的是企业内部的信息数据管理问题，而数据中台解决的是企业外部的数据管理问题。举个例子，比如一家软件公司，客户有几十个系统，每一个系统都需要维护不同的数据库，而且这些数据库中积累了大量的客户信息、行为信息等。如果这些数据不能被及时处理，那么该公司将不得不花费大量时间来处理这些数据。如果有一个数据中台，那该公司就可以通过中台系统同时管理几十个不同的数据库。

在业务范围上，数据仓库的功能主要是对大量数据进行存储，并对其进行分析，目的是支持决策。它更多的是应用于企业的核心业务，如客户关系管理系统（CRM）、销售管理系统（SCM）和项目管理系统（PMS）等，这些数据能够提供业务的关键信息和分析信息，对于企业的战略制定及后续的经营活动起到关键作用。它不仅局限于传统的ERP、CRM、SCM或HR等业务，而是以企业运营中的各项核心业务为驱动，向前台提供更加精准、智能、高效的业务洞察和决策支持。其核心思想是"以用户为中心"，对用户有价值的数据都可以成为数据中台。

数据中台与数据仓库这两个概念是相辅相成、相互促进的，两者共同帮助企业提高了效率，并使得更多企业能够参与到新业务中。数据中台不仅提高了企业的业务能力，也能让企业在其他领域，如新的服务、新的销售渠道等有更多机会去发展。

7.2 数据中台建设及架构

7.2.1 持续让数据用起来的价值框架

数据中台的使命是持续让数据用起来，它的一个根本性创新就是把"数据资产"作为一个基础要素独立出来，让成为资产的数据作为生产资料融入业务价值创造过程，持续产生价值。

数据中台作为整个企业各个业务所需数据服务的提供方，通过自身的平台能力和业务对数据的不断滋养（业务数据化），会形成一套高效可靠的数据资产体系。这样一来，当出现新的市场变化，需要构建新的前台应用时，数据中台可以迅速提供数据服务（服务业务化），从而敏捷地响应企业的创新。业务产生数据，数据服务业务，形成闭环。

这个价值框架融入企业的运营活动中就能支撑数据中台的组织地位：数据中台必须拥有与企业的设计部门、制造部门和销售部门等同样重要的地位。

数据中台不是单纯的技术叠加，不是一个技术化的大数据平台，二者有本质区别。大数据平台更关心技术层面的事情，包括研发效率、平台的大数据处理能力等，针对的往往是技术人员；而数据中台的核心是数据服务能力，要结合场景，如精准营销、风控等，通过服务直接赋能业务应用。数据中台不仅面向技术人员，更需要面向多个部门的业务人员。这在建设过程中要特别注意，不论是由信息化部门牵头还是由业务部门牵头执行数据中台项目，都需要在整个企业内部形成一张有共识的蓝图：数据是企业的战略资产。

7.2.2　数据中台建设方法论

对于数据中台建设方法论体系，需要从组织、保障、准则、内容和步骤5个层面全面考虑，以确保数据中台建设和实施能如期完成。

一种战略行动：把用数据中台驱动业务发展定位为企业级战略，全局谋划。

两项保障条件：通过宣导统一组织间的数据认知，通过流程加速组织变革。

三条目标准则：将数据的可见、可用和可运营3条核心准则始终贯穿于中台建设的全过程，保障建设在正确轨道上。

四套建设内容：通过技术体系、数据体系、服务体系和运营体系建设保证中台建设的全面性和可持续性。

五个关键步骤：通过理现状、立架构、建资产、用数据和做运营5个关键行动控制中台建设关键节点的质量。

（1）一种战略行动

建设数据中台是为了支撑企业数字化、智能化升级，通过全局的维度支撑业务，让企业在市场上更具竞争优势，因此需要从公司战略层面来规划。在中台建设过程中，会涉及所有相关业态、各块资源的协调和推进，这都需要站在更高的层面来考虑。当然，在具体实施过程中，为了能快速迭代推进，也会采取从点到面的突破方法，从某个业务或者某个部门开始初步构建，看到成效再逐步推广，但不影响其作为核心战略的定位。

数据中台要求整个企业共用一个数据技术平台、共建数据体系和共享数据服务能力。现实中，企业业务发展不均衡，各种部门墙导致共建、共享非常困难。数据中台不仅是对技术架构的改变，还是对整个企业业务运转模式的改变，需要企业在组织架构和资源方面给予支持，所以中台是一个企业的战略行动，绝非一个项目组或者一个小团队就能做的。数据中台牵涉企业的方方面面，要了解整个企业的业务情况，进行业务梳理，还要有技术的支撑、组织的支撑，否则很难推动落实。

启动数据中台一定要有战略规划，只有企业的第一决策人才有这种推力来推动数据中台的建设。数据中台的目标是实现企业经营的数据化、精细化和智能化，本质是建设一套可持续让企业数据用起来的机制。需要有相应的组织、制度、流程和资源的保障。

（2）两项保障条件

数据中台是企业级战略，支撑企业数字化转型，涉及企业的方方面面，数据中台战略的执行必然伴随着企业组织保障以及整个企业数据意识的提升。

首先，中台战略的实施需要有组织保障。与组织对应的是资源与责任，数据中台由谁来建、谁来维护、谁来经营、业务需求怎么承接、效果怎么衡量等问题，已经超出IT的范畴，需要企业更高层面对应的组织来保障。

其次，中台战略的实施需要提升全企业的数据意识。数据文化是数据中台战略不可或缺的部分，数据中台的推进依赖于数据文化的建立，反过来，企业数据文化的沉淀又是数据中台建设的产出。大家谈论大数据比较多，但经常对什么是大数据感到困惑，笔者认为大数据和"互联网+"一样，是一种考虑问题的思维方式，用互联网思维、数据思维来发现问题，解决问题。因此，用一句话来概括数据文化：用数据说话。

可以从以下方面来提升数据意识：

1）数据采集意识。建议尽可能采集一切业务触点数据，随着技术的发展，采集的方式也越来越多，如业务数据、日志数据、埋点数据、网络数据和传感器数据等。了解可能的数据采集方式，尽可能通过技术手段采集有价值的数据。

2）数据标准化意识。之所以需要进行数据治理，是因为数据不标准。如果希望数据发挥价值，就需要保持统一数据标准的意识，只有不同部门、不同业务对于数据的理解都一致了，才能减少因数据口径不一导致的资源浪费。

3）数据使用意识。未来数据应用会涉及方方面面，每一个业务环节都有可能用到数据，所以所有企业员工都要掌握数据可能的使用方式，知道在实际业务操作过程中应该怎么使用数据。另外，数据能够找出人类经验和人脑无法找出的关联关系，如啤酒和尿布的故事，就要求打破原有经验，用更高的数据意识来发挥数据对于业务的价值。

4）数据安全意识。还必须具备数据安全意识，有些数据即使对业务有价值，但由于侵犯隐私或者触犯法律等因素，也不能用，或者需要换一种合法的方式使用。企业员工需要有足够的数据安全定级、脱敏的意识。

（3）三条目标准则

数据中台的3条目标准则——可见、可用和可运营，不仅可作为企业在数据中台建设中的具体建设指引，也可用来客观评估目前建设内容的完整度。这3条目标准则的评估细则见表7-1。

第 7 章 数据仓库与数据中台

表 7-1 数据中台建设目标评估表

评分项	评分细项	评分细项描述
数据可见	指标管理的可视化	是否已经具备统一的指标管理能力，如指标的定义、修改、删除和生命周期管理等
	元数据管理的可视化	是否已经具备针对元数据（如表、字段、分区、任务和标签名等）的可视化管理工具
	数据资产类目的可视化	是否已经具备资产的可视化类目管理，可自由增、删、改、查类目结构和类目下的标签名称或指标名称
	数据源的可视化	是否已经具备对中台所涉及的所有业务数据源的可视化管理，可自由的增删
	数据集成的可视化	是否已经具备对业务数据到数据中台的批量或实时集成的可视化管理，可自由增删
	数据 ETL 的可视化	是否已经具备对数据处理 ETL 的可视化开发、发布等能力
	数据建模的可视化	是否已经具备对数据建模的可视化管理能力，如批量生成指标、模型标准管理等
	数据消费者的可视化	是否已经具备数据消费统一的管理，包括权限、限速、并发和高可用等
	算法建模的可视化	是否已经具备可拖拽式可视化和 Notebook 建模方式
数据可用	数据内容的可用性	数据内容是否无歧义，符合业务所需的标准和质量需求
	数据服务的可用性	是否已经具备数据服务的快速生成，可通过可视化的形式完成
	数据任务的可用性	是否已经具备数据任务的运维能力，可自动重跑、补数据、空跑和自动调整任务资源配比等
	数据的指标化	是否已经把数据定义为指标，企业的日常经营分析依赖于各类 BI 报表和可视化大屏
	数据的标签化	是否已经把数据定义为标签，标签来源于原始字段，统计类加工后的字段和算法类加工后的字段，企业的数据应用依赖于各类标签体系
	资产（指标或标签）的易阅读性	对于业务人员来说，资产和资产类目是否看得懂、易查找
数据可运营	质量量化管理	是否已经通过任务失败次数、产出时间稳定性、标签覆盖率等构建质量量化模型，数据研发团队日常已根据分值进行优化管理
	价值量化管理	是否已经可以通过任务资源占用情况、表生命周期和最近访问周期等构建价值量化模型，数据研发团队日常已根据分值进行优化管理
	数据运营角色	是否已经配有针对数据本身的运营角色或岗位，该角色通过围绕核心 KPI 进行数据的质量优化和价值挖掘

（4）四套建设内容

建设内容是数据中台建设的核心，是可呈现的产出物，也是数据中台价值所在，前面的战略行动、保障条件和目标准则都是为了建设内容能够顺利产出并且可以持续发挥价值。数据中台的建设内容包含技术体系、数据体系、服务体系和运营体系四大体系，通过这四套体系的建设实现数据中台让数据持续用起来的目标。技术体系是基础支撑，就像是骨架一样撑起整个数据中台。数据体系就像是数据中台的血肉，数据中台对外呈现的主要内容就是数据体系。服务体系是数据中台的价值所在，就像数据中台的灵魂一样，激活静止的骨架、血肉，让中台动起来，发挥价值。运营体系是数据中台的守护者，通过运营体系保证整个中台的健康、持续运转。

1）技术体系。技术体系分两个层面：大数据存储计算技术和数据中台工具技术组件。技术体系主要关注点是工具技术组件。大数据存储计算技术，如 Hadoop、Spark、Flink、Greenplum、Elasticsearch、Redis 和 Phoenix 等，企业只需要进行合理选型即可，并不需要自己建设，而且技术难度很大，企业也不太可能自己建设。数据中台工具技术组件包括数据汇聚、数据开发、数据资产管理和数据服务管控等。数据中台是企业制定和实施数据汇聚、建模和加工规范的场所，也是企业数据体系存储管理的工具平台。通过工具化、产品化和可视化降低技术门槛，让数据能够被更方便地加工使用。

2）数据体系。数据体系是数据中台建设、管理和使用的核心要素，全企业的数据通过各种方式汇聚到数据中台，在数据中台按照一定的建模方式进行加工，形成企业的数据资产体系。数据中台始终围绕着数据体系的建设和使用，让数据体系尽可能完整和准确。不同企业的业务不同、数据不同、数据体系的内容不同，但是建设的方法和对工具的要求是相似的，需要在中台工具和建设方法的基础上针对不同企业建设不同的数据体系。

3）服务体系。数据中台与大数据平台的最主要区别是数据能更方便地以服务化的方式支撑业务，而这是通过数据中台服务体系实现的。服务体系是通过数据中台的服务组件能力，把数据变为一种服务能力，如客户微观画像服务、信用评估服务、风险预警服务等，让数据能够方便地参与到业务中并为业务带去价值。我们经常听到的数字化转型、数据化经营，就是让业务决策通过数据而不是仅凭经验，需要的正是数据服务能力。每家企业的业务不同，对数据服务的诉求也不同，数据中台无法产品化地提供企业所需的所有数据服务能力。数据中台通过提供数据服务生成、发布、监控和管理功能，帮助企业逐一建立属于其自身的各项数据服务，逐步完成企业数据服务体系的构建。

4）运营体系。运营体系是数据中台得以健康、持续运转的基础。运营体系包括平台流程规范执行监督、平台资源占用的监管及优化推动、数据质量的监督及改进推动、数据价值的评估、数据服务的推广和稽查排名等。其目标是让平台可以持续健康运转，产生持续价值。数据中台是个复杂工程，数据的汇聚、开发、管理和服务都是要持续进行的工作,如果没有运营体系的保障,可能会导致后期的参与者无从下手,随着时间的推移,数据的质量、服务的效率也会持续下降,进而导致中台无法使用。数据中台是一个持续的过程,一旦启动,就不能暂停,更不能停止,而保障数据中台持续高效运转的就是这套运营体系。

(5)五个关键步骤

数据中台在具体落地实施时,要结合技术、产品、数据、服务和运营等5个方面,逐步开展相关的工作,在构建闭环时会多考虑基础设施部分的能力。一旦闭环建设完成,就可以在各个环节不断丰富能力,逐步成为数据应用的完整体系。根据实践经验,数据中台的建设过程主要通过5个关键步骤来完成。

1)理现状。梳理企业的系统建设、已经拥有的数据以及业务特点等现状,了解企业对数据中台的认知,以及相应的数据文化建设情况。点对点地与业务部门、IT部门进行沟通,获取企业的产品和服务信息,形成业务现状调研报告,同时了解目前企业以怎样的组织形态来保证客户的服务能力。详细调研目前企业的IT建设情况和业务数据沉淀情况,如采用的什么数据库、数据量、数据字段和更新周期等,以便后续更好地设计技术架构。

2)立架构。根据现状形成整体的规划蓝图,形成技术产品、数据体系、服务方式以及运营重点等相关的方案,梳理并确立各块架构。企业信息架构经常谈到的4A,即业务架构、技术架构、应用架构和数据架构,都需要在这个阶段进行确认。这4个架构具体介绍如下:

业务架构:保障数据中台能够适用于企业的业务运管模型和流程体系。

技术架构:主要是指技术体系中的数据基座,主要根据业务架构近远期规划,对数据的存储和计算进行统一的选型。

应用架构:特指数据中台应用架构,后面几个关键步骤的内容所依赖的工具主要由数据中台作为平台应用来承接。

组织架构:主要是保证中台项目的顺利落地需要企业考虑的整体组织保障,其中的角色有业务人员、IT人员、供应商和相关负责人。

3)建资产。结合数据架构的整体设计,通过数据资产体系建设方法,帮助企业构建既符合场景需求又满足数据架构要求的数据资产体系并实施落地。这个步骤涉及数据汇聚、数据仓库建设、标签体系建设以及应用数据建设,其中最关键的是标签体系建设。所谓标签体系是面向具体对象构建的全维度数据标签,通过标签体系可以方便地支撑应用。大数据的核心魅力和服务能力主要就体现在标签体系的服务能力上。

4)用数据。从应用场景出发,将已经构建的数据资产通过服务化方式,应用到具体的业务中,发挥数据价值。将数据资产快速形成服务能力并与业务进行对接,在业务中产生数据价值,实现数据的服务化、业务化。在服务过程中,数据安全是不得不考虑的问题,哪些人能看到什么数字资产,能选择什么类型的服务都是需要严格审核的。

5)做运营。数据应用于业务后,其产生的价值通过运营的能力不断优化迭代,并让更多的人感知到数据的价值点。数据中台建设是一个持续建设和运营的过程,所谓持续建设和运营是指在架构基本稳定的情况下,不断循环第 3~5 步,多方角色会围绕核心 KPI 不断挖掘数据和业务场景的结合点,不断根据质量和价值两个点来运营优化。企业通过多个组织之间的配合推进,会逐步形成企业特有的数据文化和认知,这是企业在数字化转型中非常重要但很难跨越的点。

7.2.3 数据中台架构

通过前面对数据中台建设方法论体系的介绍,了解了数据中台的行动、保障、准则、内容和步骤。这一节将介绍数据中台的总体架构、包含的模块、模块之间的关系以及运转机制。

数据中台的目标是让数据持续用起来,通过数据中台提供的工具、方法和运行机制,把数据变为一种服务能力,让数据更方便地被业务所使用。数据中台是位于底层存储计算平台与上层的数据应用之间的一整套体系。数据中台屏蔽掉底层存储平台的计算技术复杂性,降低对技术人才的需求,让数据的使用成本更低。通过数据中台的数据汇聚、数据开发模块建立企业数据资产。通过资产管理与治理和数据服务把数据资产变为数据服务能力,服务于企业业务。数据安全管理、数据运营体系保障数据中台可以长期健康、持续的运转。

(1)数据汇聚

数据汇聚是数据中台数据接入的入口。数据中台本身几乎不产生数据,所有数据来自于业务系统、日志、文件和网络等,这些数据分散在不同的网络环境和存储平台中,难以利用,很难产生业务价值。数据汇聚是数据中台必须提供的核心工具,把各种异构网络、异构数据源的数据方便地采集到数据中台中进行集中存储,为后续的加工建模做准备。数据汇聚方式一般有数据库同步、埋点、网络爬虫和消息队列等;从汇聚的时效性来分,有离线批量汇聚和实时采集。

(2)数据开发

通过数据汇聚模块汇聚到中台的数据没有经过处理,基本是按照数据的原始状态堆砌在一起,这样业务还是很难使用的。

数据开发是一整套数据加工以及加工过程管控的工具,有经验的数据开发和算法建模人员利用数据加工模块提供的功能,可以快速把数据加工成对业务有价值的形式,提供给业务使用。数据开发模块主要面向开发人员、分析人员,提供离线、实时和算法开发工具,以及任务的管理、代码发布、运维、监控和告警等一系列集成工具,方便使用,提升效率。

(3) 数据体系

有了数据汇聚、数据开发模块,中台已经具备传统数据仓库(后面简称:数仓)平台的基本能力,可以做数据的汇聚以及各种数据开发,就可以建立企业的数据体系。之前说数据体系是中台的血肉,开发、管理和使用的都是数据。大数据时代,数据量大,增长快,业务对数据的依赖也会越来越高,必须考虑数据的一致性和可复用性,垂直的、烟囱式的数据和数据服务的建设方式注定不能长久存在。不同的企业因业务不同导致数据不同,数据建设的内容也不同,但是建设方法可以相似,数据要统一建设。建议数据按照贴源数据、统一数仓、标签数据和应用数据的标准统一建设。

(4) 数据资产管理

通过数据体系建立起来的数据资产较为偏技术,业务人员比较难理解。资产管理是以企业全员更好理解的方式,把企业的数据资产展现给企业全员(当然要考虑权限和安全管控),数据资产管理包括对数据资产目录、元数据、数据质量、数据血缘和数据生命周期等进行管理和展示,以一种更直观的方式展现企业的数据资产,提升企业的数据意识。

(5) 数据服务体系

前面利用数据汇聚、数据开发建设企业的数据资产,利用数据管理展现企业的数据资产,但是并没有发挥数据的价值。数据服务体系就是把数据变为一种服务能力,通过数据服务让数据参与到业务中,激活整个数据中台。数据服务体系是数据中台存在的价值所在。企业的数据服务是千变万化的,中台产品可以带有一些标准服务,但是很难满足企业的服务诉求,大部分服务还是需要通过中台的能力快速定制。数据中台的服务模块并没有自带很多服务,而是提供快速的服务生成能力以及服务的管控、鉴权和计量等功能。

(6) 运营体系和安全管理

通过前面的数据汇聚、数据开发、数据体系、数据资产管理和数据服务体系,已经完成了整个数据中台的搭建和建设,也已经在业务中发挥一定的价值。运营体系和安全管理是数据中台得以健康、持续运转的基础,如果没有它们,数据中台很可能像个一般项目一样,会在搭建起平台、建设部分数据和尝试一两个应用场景之后而止步,无法正常地持续运营,不能持续发挥数据的应用价值。这也就完全达不到建设数据中台的目标。

7.2.4 数据中台的价值

中台战略背后的真正驱动力是企业数字化转型的迫切需求,中台战略过去几年的发展也让企业看到了其在数字化转型实践中的重要性。我们将中台战略的价值总结为以下几条，毫无疑问，以下列出的每一条都对正在数字化转型奋斗中的企业至关重要：

1）敏捷：更好地支撑和快速响应前台业务变化和需求。
2）业务：通过数据驱动业务运营，并将业务场景化。
3）效率：通过对资源平台化，提升数据和技术资源的利用效率。
4）协同：有效推动企业内部的协同和合作。
5）创新：提高业务和商业模式创新的速度和能力。
6）能力：有利于积累和沉淀数据和业务能力，并将其资产化。
7）开放：有助于对外输出技术和服务。

数据中台的价值可以分为业务价值和技术价值两部分。

（1）业务价值

1）以客户为中心，用洞察驱动企业稳健行动。
2）以数据为基础，激发大规模商业模式创新。
3）盘活全量数据，构筑坚实壁垒与持续领先。

（2）技术价值

1）应对多数据处理的需求。
2）丰富标签数据，降低管理成本。
3）数据价值能体现业务系统效果而不仅是准确度。
4）支持跨主题域访问数据。
5）数据可以快速复用。

7.3 微服务架构

微服务架构是数据中台架构的重要体现。微服务架构将单体应用按照业务领域拆分为多个高内聚低耦合的小型服务。每个服务运行在独立进程，由不同的团队开发和维护。服务间采用轻量级通信机制，如 HTTP RESTful API，独立自动部署，可以采用不同的语言及存储方式。微服务体现去中心化、天然分布式，是中台战略落地到 IT 系统具体实现方式的技术架构，用来解决企业业务快速发展与创新时面临的系统弹性可扩展、敏捷迭代和技术驱动业务创新等难题。

微服务的特征包括小、独、轻和松 4 个方面：

1）粒度小，专注于一件事。
2）单独的进程。微服务不等于组件，服务是可以直接使用的商品，组件是待加工的原材料。
3）轻量级通信机制，通常是 HTTP RESTful 的接口。此处区别于传统的 SOA（面向服务的架构)。

4)松耦合,可以独立部署。每个微服务可以独立编译、独立部署和独立运行。

微服务架构的优势与缺陷:

(1)微服务架构的优势

1)易于开发与维护:微服务相对小,易于理解。

2)独立部署:一个微服务的修改不需要协调其他服务。

3)伸缩性强:每个服务都可按硬件资源的需求进行独立扩容。

4)与组织结构相匹配:微服务架构可以更好地将架构和组织相匹配,每个团队独立负责某些服务,获得更高的生产力。

5)技术异构性:使用最适合该服务的技术,降低尝试新技术的成本。

6)企业环境下的特殊要求:去中心化和集中管控/治理的平衡,分布式数据库和企业闭环数据模型的平衡。

微服务的实践有两个重要问题:什么时候选择微服务架构,以及颗粒度如何拆分,与经验和实际情况息息相关。

(2)微服务的常见问题

1)不同客户端产品之间,如小程序、App、网站端有许多相同业务逻辑的重复代码,每个产品都要各自维护一份代码,修改的时候所有地方要一起修改。

2)单个应用经常需要给其他应用提供接口,渐渐地越来越复杂,包含了很多本来不属于它的逻辑,代码变得臃肿,功能边界模糊。

3)系统代码耦合性高,相互之间逻辑复杂,一旦出现开发人员离职的情况,继任者需要花很长时间研究代码,才有可能搞清楚整体架构和逻辑关系。

4)多个应用使用一个数据库,依赖性严重,很难重构和优化。所有应用都在一个数据库上操作,数据库很容易出现性能瓶颈。同时数据库成为单点,出现意外整个系统都会受到影响。

5)即使只改动一个小功能,也需要整个应用一起发布,发布流程烦琐、上线时间长。并且很容易出现一个小漏洞影响整个系统,每次发布都是胆战心惊,很容易出现开发、运维和测试之间的矛盾。

7.4 小结

本章首先介绍了数据中台的相关概念,然后从数据中台与数据仓库之间的关系、数据中台的架构与建设方法以及价值这3个方面讨论了数据中台的基本问题。

数据中台是把业务生产资料转变为数据生产力,同时数据生产力反哺业务,不断迭代循环的闭环过程——数据驱动决策、运营。数据中台的核心还是数据仓库，区别是新增了标签体系，整合了 AI 服务能力和数据分析能力，在核心基础之上有很多创新。

一方面，数据中台为实时数据仓库提供支撑；另一方面，数据仓库为数据中台提供源数据。两者相辅相成、相互促进，共同帮助企业提高效率。

数据中台的建设需要从组织、保障、准则、内容和步骤 5 个层面全面考虑，将数据的可见、可用和可运营 3 条核心准则始终贯穿于中台建设的全过程，保障建设在正确轨道上。

数据中台的业务价值体现在以客户为中心、以数据为基础，盘活全量数据；在技术价值上，数据中台可以应对多数据处理需求、丰富标签数据、降低管理成本，同时支持跨主题域访问数据。

第 8 章　数据治理

通过本章学习，你将能回答以下问题：
- 什么是数据治理？数据治理的目标是什么？
- 数据治理有哪些框架和标准？
- 数据治理有哪些工具？
- 数据治理的未来发展趋势？

随着企业数据量的不断增加，数据治理变得越来越重要。数据治理与数据仓库设计有着密切的联系，数据治理提供了数据管理的框架和方法，确保数据仓库的质量和可靠性。数据治理的框架、标准和工具共同构成了实施数据治理的基础。展望未来，数据治理将不断进化，为企业创造更大的价值。

8.1　数据治理的背景

在当今数字化时代，数据已成为企业的重要资产和决策依据。然而，随着数据的不断增加和复杂度的提升，数据的质量、安全性、可靠性和一致性等问题也随之凸显出来。为了解决这些问题，企业需要建立一套有效的数据治理机制。数据治理不仅有助于提高数据的质量和准确性，降低数据风险和成本，还能为企业提供更好的数据资产管理和开发能力，推动企业的数字化转型和业务创新。因此，企业需要数据治理来确保数据的准确性、安全性、可靠性和一致性，从而更好地利用数据资产，提高决策效率和竞争力。

数据治理的概念最早起源于企业的治理实践。随着数字化时代的到来，数据已经成为企业和组织的核心资产。数据的产生、存储和使用变得越来越普遍，但同时也带来了诸多问题，如数据质量低下、数据安全性不足和数据孤岛现象等。这些问题不仅影响了企业的决策效率和准确性，还可能引发一些风险。为了解决这些问题，数据治理逐渐成为企业界和学术界的关注焦点。

8.2 数据治理的概念与目标

数据治理（Data Governance）是组织中涉及数据使用的一整套管理行为。由企业数据治理部门发起并推行，关于如何制定和实施针对整个企业内部数据的商业应用和技术管理的一系列政策和流程。

国际数据管理协会（DAMA）给出的定义：数据治理是对数据资产管理行使权力和控制的活动集合。

国际数据治理研究所（DGI）给出的定义：数据治理是一个通过一系列信息相关的过程来实现决策权和职责分工的系统，这些过程按照达成共识的模型来执行，该模型描述了为什么（Why）要进行数据治理？谁（Who）能根据什么信息，在什么时间（When）和情况（Where）下，用什么方法（How），采取什么行动（What）。

数据治理的主要目标：

1）提高数据质量：通过数据治理，企业可以确保数据的准确性、完整性、一致性和及时性。这有助于提高企业的决策效率和准确性，避免因数据质量问题导致的决策失误和业务风险。

2）确保数据安全性：数据治理有助于建立完善的数据安全管理体系，包括数据加密、访问控制和安全审计等。这可以保护企业的敏感数据不被泄露或滥用，降低合规风险。

3）促进数据共享和使用：通过数据治理，企业可以实现数据的标准化和规范化，促进各部门之间的数据共享和使用。这有助于打破数据孤岛现象，提高企业的决策效率和响应速度。

4）提高组织效率：数据治理可以帮助企业建立一套有效的数据管理机制，包括数据的采集、存储、处理和使用等。这有助于提高企业的组织效率，减少人力和物力的浪费。

5）提升企业竞争力：在数字化时代，数据已经成为企业的重要竞争力。通过数据治理，企业可以获得更高质量的数据，从而更好地洞察市场和客户需求，开发出更具竞争力的产品和服务。

综上所述，数据治理的目标在于提高企业的数据质量、安全性、可用性和可靠性，促进数据的共享和使用，提高组织效率并提升企业竞争力。

8.3 数据治理的框架

在一个企业中，所有组织都需要能够就如何管理数据，从数据中实现价值，最大限度地降低成本和复杂性，管理风险以及确保遵守法律、法规和其他要求做出决策。管理层和员工需要做出正确的决定——可坚持下去的决定。DGI 数据治理框架与 DAMA 数据管理框架是两个较早、使用较广泛的数据治理框架。相对来说，在国内 DAMA 数据管理框架使用得更广泛一些,但作为一个成熟的数据治理框架,如果参照 DGI 数据治理框架来考虑企业中的数据管理活动,也是相当有益的。

8.3.1 DGI 数据治理框架

DGI 数据治理框架是一种逻辑结构,用于对企业数据进行分类、组织和交流,涉及决策和采取行动的复杂活动。数据治理研究所(DGI)是业内最早、最知名的研究数据治理的专业机构。DGI 于 2004 年推出 DGI 数据治理框架,为企业根据数据做出决策和采取行动的复杂活动提供新方法。该框架认为,企业决策层、数据治理专业人员、业务利益干系人和 IT 领导者可以共同制定决策和管理数据,从而实现数据的价值,最小化成本和复杂性,管理风险并确保数据管理和使用遵守法律法规与其他要求。

DGI 数据治理框架的设计采用"5W1H"法则,将数据治理分为人员与治理组织、规则、流程 3 个层次:数据利益干系人、数据治理办公室和数据管理员;共 10 个组件:数据治理的愿景,数据治理的目标、评估标准和推动策略,数据规则与定义,数据的决策权,数据的职责,数据的控制;数据治理流程。其数据治理框架如图 8-1 所示。

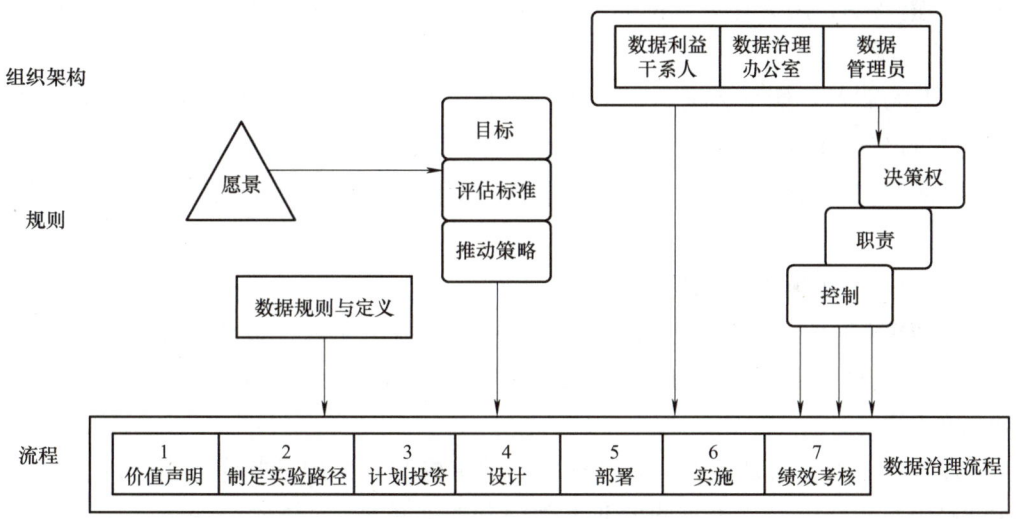

图 8-1 DGI 数据治理框架图

(1)Why:为什么进行数据治理

对应于 DGI 框架中的第 1~2 个组件:数据治理的愿景和数据治理的目标。对于企业"为什么进行数据治理"这个问题的回答是对数据治理的最高指引。DGI 最高级的数据治理方案致力于实现 3 大核心目标:

1）主动确立和维护数据规则的一致性：确保企业内部数据标准统一、规范清晰，避免因数据规则不一致而引发的混乱和误解。

2）为数据相关利益方提供持续、跨职能的支持与保障：通过数据治理，企业能够为数据的所有利益相关者，如业务部门、管理层和外部合作伙伴等，提供可靠、安全和高质量的数据支持，促进各部门间的协同工作。

3）解决违规问题，确保数据合规性：数据治理能够及时发现并处理数据违规问题，确保企业数据合规，避免因数据不当使用或泄露而引发的法律风险和声誉损失。

（2）What：数据治理治什么

对应于DGI框架中的第3～6个组件：数据规则与定义，数据的决策权、职责和控制。这4个组件回答了数据治理治什么的问题。

1）数据规则与定义：侧重业务规则和数据标准的制定。它涉及数据的来源、格式、质量、安全性和合规性等方面的规定。数据规则与定义的目标是确保企业内部数据的一致性和可比性，消除数据混乱和误解。为了实现这一目标，需要制定相关的数据治理政策、数据标准和合规性要求等，以确保数据的准确性和可靠性。

2）数据的决策权：侧重数据的确权和归属问题。在数据治理中，明确数据的产权和归口是至关重要的，因为这为数据标准的定义、数据管理制度的制定以及数据管理流程的确定提供了基础。

3）数据的职责：侧重数据治理中的角色和责任分配。在数据治理过程中，需要明确各个参与方的职责和责任范围，包括数据生产者、数据管理者和数据使用者等。

4）数据的控制：侧重采用什么样的措施来保障数据的质量和安全，以及数据的合规使用。

（3）Who：谁参与数据治理

对应于DGI框架中的第7～9个组件：数据利益干系人、数据治理办公室和数据管理员。这3个组件对数据治理的主导、参与者的职责分工给出了相关参考，回答了谁参与数据治理的问题。

1）数据利益干系人是数据治理过程中的关键参与者，如某些业务组、IT团队、数据架构师和DBA等，他们代表不同的业务部门和职能角色，对数据的利用和保护有着直接的关系。通过他们的参与和反馈，数据治理项目能够更好地满足实际需求，确保数据治理策略与业务目标保持一致。

2）数据治理办公室是数据治理的核心组织，负责领导、协调和监督整个数据治理过程。它制定数据治理政策，监督数据质量，推动数据标准的实施，并协调各数据利益干系人之间的关系，确保数据治理工作的高效和顺畅进行。

3）数据管理员是数据治理日常工作的执行者，他们负责维护数据质量、管理数据标准和监控数据使用情况等。数据管理员通过确保数据的准确性、完整性、安全性和合规性，为数据利益干系人提供可靠的数据支持，并协助数据治理办公室实现数据治理目标。他们是数据治理工作不可或缺的专业人员。

（4）How：如何开展数据治理

DGI 框架中的第 10 个组件——数据治理流程，描述了数据治理项目的全生命周期中的重要活动。DGI 将数据治理项目的生命周期划分为如下 7 个阶段，如图 8-2 所示。

图 8-2　数据治理流程图

（5）When：什么时候开展数据治理

这一条包含在 DGI 框架的第 10 个组件中，用来定义数据治理的实施路径，回答数据治理的时机和优先级等问题。

（6）Where：数据治理位于何处

这一条包含在 DGI 框架的第 10 个组件中，强调明确当前企业数据治理的成熟度级别、找到企业与先进标杆的差距，是确定数据治理目标和策略的基础。

DGI 框架是一个强调主动性、持续化的数据治理模型，对实际治理实施的指导性很强。DGI 框架可以普遍应用于企业的数据治理中，它具有良好的扩展性，框架中的 10 个组件都将出现在最小的数据治理项目中，并可以随着参与者数量的增加或数据系统复杂性的提高灵活扩展。

8.3.2　DAMA 数据管理框架

DAMA 数据管理框架来源于 DAMA-DMBOK2 理论框架，其数据框架如图 8-3 所示，它由 11 个数据管理职能领域和环境因素六边形图（即 7 个基本环境要素）共同构成"DAMA 数据管理知识体系"，每项数据职能领域都在 7 个基本环境要素约束下开展工作，按照一定的逻辑结构进行分析，保证数据治理的目标和实际商业过程的贡献。用于指导组织的数据管理职能和数据战略的评估工作，并建议和指导刚起步的组织去实施和提升数据管理能力。

（1）数据治理

数据治理是 DAMA 数据管理框架的核心，它建立了一个满足企业需求的数据决策体系。数据治理确保数据在整个组织中得到有效、安全和合规的管理，通过制定政策、标准和流程，为数据管理活动提供指导和监督。数据治理还促进了不同部门之间的协作和沟通，确保数据的一致性和可靠性。

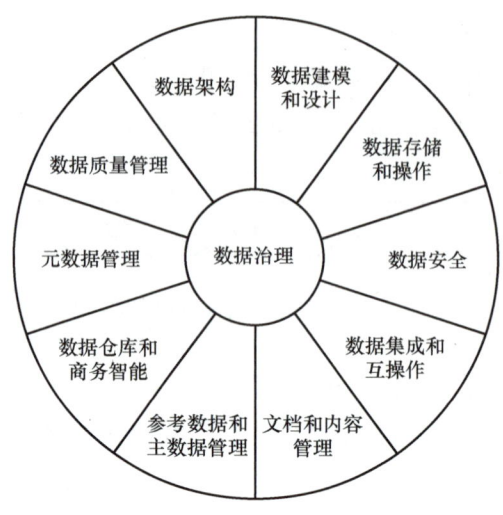

图8-3 DAMA数据管理框架

（2）数据架构

数据架构是组织数据资产的蓝图，它定义了数据的结构、关系和管理方式。数据架构与组织的战略目标相协调，确保数据能够满足业务需求和法规要求。通过数据架构，组织可以更有效地管理数据资源，提高数据的质量和价值。

（3）数据建模和设计

数据建模和设计是数据管理的关键过程，它涉及发现、分析、展示和沟通数据需求。通过数据建模，组织可以精确地定义数据模型，确保数据的准确性、一致性和完整性。数据建模还有助于优化数据流程，提高数据的使用效率和价值。

（4）数据存储和操作

数据存储和操作是数据管理的核心活动，它涉及数据的存储、访问、备份和恢复等操作。数据存储和操作的目的是确保数据的安全性和可用性，同时最大化数据的价值。通过有效的数据存储和操作管理，组织可以确保数据的完整性和可靠性，防止数据丢失和损坏。

（5）数据安全

数据安全是数据管理的重要组成部分，它涉及保护数据的机密性、完整性和可用性。数据安全通过一系列安全措施和技术手段来确保数据的安全性，防止未经授权的访问、泄露和篡改。数据安全还关注数据的备份和恢复策略，以应对潜在的数据丢失风险。

（6）数据集成和互操作

数据集成和互操作是数据管理的重要职能，它涉及不同系统、应用程序和组织之间的数据移动和整合。通过数据集成和互操作，组织可以实现数据的共享和交换，提高数据的可用性和价值。数据集成和互操作还关注数据的兼容性和一致性，确保数据在不同系统之间的无缝集成。

（7）文档和内容管理

文档和内容管理关注非结构化媒体的数据和信息的生命周期管理。这包括计划、实施和控制活动，以确保文档和信息符合法规要求、业务需求和最佳实践。文档和内容管理有助于组织有效地管理其文档和信息资产，提高知识工作者的生产力和效率。

（8）参考数据和主数据管理

参考数据和主数据管理涉及核心共享数据的持续协调和维护。通过确保关键业务实体的真实信息在各系统间得到一致使用，组织可以提高数据的准确性和可靠性。参考数据和主数据管理还有助于减少数据冗余和不一致性，提高数据的整体质量。

（9）数据仓库和商务智能

数据仓库和商务智能是数据管理的关键领域，它涉及计划、实施和控制流程，以管理决策支持数据。通过数据仓库和商务智能工具，可以整合和分析数据，为组织提供有价值的信息，支持组织的决策制定和业务战略实施。

（10）元数据管理

元数据管理是对数据的描述信息进行管理的过程，它确保数据的可理解性和可发现性。通过元数据管理，组织可以定义和维护数据的元数据，包括数据的定义、属性、关系和业务规则等。这有助于提高数据的可读性和可维护性，促进数据的共享和重用。

（11）数据质量管理

数据质量管理是确保数据准确性、完整性、一致性和可用性的重要过程。它涉及制定数据质量规则、评估方法、监控和改进措施等。通过数据质量管理，组织可以识别和解决数据质量问题，提高数据的整体质量。数据质量管理还有助于增强组织对数据的信任度，提高数据的使用价值和效益。

8.4 数据治理的标准

随着数字化时代的快速发展，数据已经成为组织的核心资产和战略资源。然而，随着数据量的增长和数据来源的多样化，数据的管理和治理变得日益重要。数据治理作为组织数据管理的核心组成部分，旨在确保数据的可靠性、安全性、一致性和可用性。为了实现有效的数据治理，建立一套完整的数据治理标准是必要的。

8.4.1 国际标准

国际标准组织（ISO）于 2008 年发布了首个 IT 治理国际标准——ISO/IEC 38500。2015 年，ISO 进一步推出了 ISO/IEC 38505 标准，该标准对数据治理的目标、基本原则和数据治理模型进行了全面阐述，为数据治理提供了一套完整的理论方法。该标准旨在为组织的管理机构成员提供指导原则，指导他们如何有效、高效和可接受地使用组织内的数据。ISO/IEC 38505-1 的目标是在提升利用数据价值的同时，确保合规约束和风险管控。它提出了数据治理框架，包括目标、原则和模型，以帮助治理主体评估、指导和监督数据利用的过程。该标准还强调了数据治理在组织战略、收购、性能、符合性和人类行为等方面的重要性，包括明确保护和可能增加价值的责任和问责制，尽量减少不利或意外后果，能够提供可靠的数据进行共享，保护知识产权和从数据中获得的其他价值，制定政策和措施以阻止黑客和欺诈活动的组织，准备将数据泄露的影响降至最低，知道何时以及如何重用数据，以及能够演示良好的数据处理实践等方面的能力。

8.4.2 国内标准

（1）信息化标准

GB/T 34960 标准是中国发布的信息化标准，名为《信息技术服务治理》。该标准包含了 5 个部分，用于规范数据治理的相关工作。

第 1 部分：通用要求。

第 2 部分：实施指南。

第 3 部分：绩效评价。

第 4 部分：审计导则。

第 5 部分：数据治理规范。

其中第 5 部分《数据治理规范》又将数据治理划分为顶层设计、数据治理环境、数据治理域和数据治理过程四大部分。

顶层设计：顶层设计是数据治理实施的基础，主要包含数据相关的战略规划、组织构建和架构设计。它基于组织当前的业务现状、信息化现状和数据现状，设定组织机构的职权，并定义符合组织战略目标的数据治理目标和可行的行动路径。

数据治理环境：是数据治理成功实施的保障。它包含内外部环境及促成因素，需要分析领导层、管理层和执行层等利益相关方的需求，识别项目支持力量和阻力，制定相关制度以确保项目的顺利推进。

第 8 章 数据治理

数据治理域：主要涉及数据管理体系和数据价值体系。它涵盖制定数据质量、数据安全、数据管理体系等相关标准制度，并基于数据价值目标构建数据共享体系、数据服务体系和数据分析体系。

数据治理过程：是一个 PDCA（Plan-Do-Check-Act）的过程，是数据治理的实际落地过程。它包括确定数据治理目标，制定数据治理计划，执行业务梳理、设计数据架构、数据采集清洗、存储核心数据、实施元数据管理和血缘追踪，并检查治理结果与治理目标的匹配程度。

为了保障组织架构的正常运转和数据治理各项工作的有序实施，需要建立一套涵盖不同管理颗粒度、不同适用对象，覆盖数据治理过程的管理制度体系，从"法理"层面保障数据治理工作有据、可行和可控。

（2）管理领域标准

数据管理能力成熟度评估模型（Data Management Capability Maturity Assessment Model，DCMM）是我国首个数据管理领域国家标准，该标准适用于信息系统的建设单位、应用单位等进行数据管理时的规划、设计和评估，也可以作为针对信息系统建设状况的指导、监督和检查的依据。

DCMM 国家标准结合数据生命周期管理各个阶段的特征，按照组织、制度、流程和技术对数据管理能力进行分析、总结，提炼出组织数据管理的八大能力域，并对每项能力域进行了二级能力项（28 个能力项）和发展等级的划分（5 个等级）以及相关功能介绍和评定指标（441 项指标）的制定。

1）数据战略：包括数据战略规划、数据战略实施和数据战略评估 3 个能力项。

2）数据治理：包括数据治理组织、数据制度建设和数据治理沟通 3 个能力项。

3）数据架构：包括数据模型、数据分布、数据集成与共享和元数据管理 4 个能力项。

4）数据应用：包括数据分析、数据开放分享和数据服务 3 个能力项。

5）数据安全：包括数据安全策略、数据安全管理和数据安全审计 3 个能力项。

6）数据质量：包括数据质量需求、数据质量检查、数据质量分析和数据质量提升 4 个能力项。

7）数据标准：包括业务数据、参考数据和主数据、数据元、指标数据 4 个能力项。

8）数据生命周期：包括数据需求、数据设计和管理、数据运维和数据退役 4 个能力项。

这八大能力域和 28 个能力项是 DCMM 的核心组成部分，用于评估组织的数据管理能力水平，并提供改进和提升的方向。通过不断优化这些能力项，组织可以更好地管理和利用数据，从而实现商业价值的最大化。

DCMM将数据管理能力成熟度划分为5个等级，自低向高依次为初始级（1级）、受管理级（2级）、稳健级（3级）、量化管理级（4级）和优化级（5级），不同等级代表企业数据管理和应用的成熟度水平不同，见表8-1。

表8-1 数据管理能力成熟度评估

序号	成熟度评估等级	具体特征要求
1	初始级	数据需求的管理主要是在项目级体现，没有统一的管理流程，主要是被动式管理，具体特征如下： 1）组织在制定战略决策时，未获得充分的数据支持； 2）没有正式的数据规划、数据架构设计、数据管理组织和流程等； 3）业务系统各自管理自己的数据，各业务系统之间的数据存在不一致现象，组织未意识到数据管理或数据质量的重要性； 4）数据管理仅根据项目实施的周期进行，无法核算数据维护、管理的成本
2	受管理级	组织已意识到数据是资产，根据管理策略的要求制定了管理流程，指定了相关人员进行初步管理，具体特征如下： 1）意识到数据的重要性，并制定部分数据管理规范，设置了相关岗位； 2）意识到数据质量和数据孤岛是一个重要的管理问题，但目前没有解决问题的办法； 3）组织进行了初步的数据集成工作，尝试整合各业务系统的数据，设计了相关数据模型和管理岗位； 4）开始进行了一些重要数据的文档工作，对重要数据的安全、风险等方面设计相关管理措施
3	稳健级	数据已被当作实现组织绩效目标的重要资产，在组织层面制定了系列的标准化管理流程，促进数据管理的规范化，具体特征如下： 1）意识到数据的价值，在组织内部建立了数据管理的规章和制度； 2）数据的管理以及应用能结合组织的业务战略、经营管理需求以及外部监管需求； 3）建立了相关数据管理组织、管理流程，能推动组织内各部门按流程开展工作； 4）组织在日常的决策、业务开展过程中能获取数据支持，明显提升工作效率； 5）参与行业数据管理相关培训，具备数据管理人员
4	量化管理级	数据被认为是获取竞争优势的重要资源，数据管理的效率能量化分析和监控，具体特征如下： 1）组织层面认识到数据是组织的战略资产，了解数据在流程优化、绩效提升等方面的重要作用，在制定组织业务战略时可获得相关数据的支持； 2）在组织层面建立了可量化的评估指标体系，可准确测量数据管理流程的效率并及时优化； 3）参与国家、行业等相关标准的制定工作； 4）组织内部定期开展数据管理、应用相关的培训工作； 5）在数据管理、应用的过程中充分借鉴行业最佳案例以及国家标准、行业标准等外部资源，促进组织本身的数据管理、应用的提升
5	优化级	数据被认为是组织生存和发展的基础，相关管理流程能实时优化，能在行业内进行最佳实践分享，具体特征如下： 1）组织将数据作为核心竞争力，利用数据创造更多的价值和提升改善组织的效率； 2）能主导国家、行业等相关标准的制定工作； 3）能将组织自身数据管理能力建设的经验作为行业最佳案例进行推广

第 8 章 数据治理

DCMM 是我国首个正式发布的数据管理国家标准。其目标在于引导企业采用先进的数据管理理念和方法，对企业数据管理的现状和能力进行评估，不断优化数据管理的组织、流程和制度。通过这一标准，企业能够更好地发挥数据的价值，推动组织朝着信息化、数字化和智能化的方向持续发展。

8.5 数据治理的工具

从技术实施角度看，数据治理包含"理""采""存""管""用"这 5 个步骤，即业务和数据资源梳理、数据采集清洗、数据库主题库建设、元数据管理、数据使用。

数据资源梳理：数据治理的第一个步骤是从业务的视角厘清组织的数据资源环境和数据资源清单，包含组织机构、业务事项、信息系统，以及以数据库、网页、文件和 API 接口形式存在的数据项资源，本步骤的输出物为分门别类的数据资源清单。

数据采集清洗：通过可视化的 ETL 工具（如阿里的 DataX，Pentaho Data Integration）将数据从来源端经过抽取（extract）、转换（transform）加载（load）至目的端的过程，目的是将散落和零乱的数据集中存储起来。

基础库主题库建设：一般情况下，可以将数据分为基础数据、业务主题数据和分析数据。基础数据一般指的是核心实体数据，或称主数据，如智慧城市中的人口、法人、地理信息、信用和电子证照等数据。主题数据一般指的是某个业务主题数据，如市场监督管理局的食品监管、质量监督检查和企业综合监管等数据。而分析数据指的是基于业务主题数据综合分析而得到的分析结果数据，如市场监督管理局的企业综合评价、产业区域分布和高危企业分布等。那么基础库和主题库的建设就是在对业务理解的基础上，基于易存储、易管理和易使用的原则抽象数据存储结构。简而言之，就是基于一定的原则设计数据库表结构，然后再根据数据资源清单设计数据采集清洗流程，将整洁干净的数据存储到数据库或数据仓库中。

元数据管理：元数据管理是对基础库和主题库中的数据项属性的管理，同时，将数据项的业务含义与数据项进行关联，便于业务人员理解数据库中的数据字段含义。并且，元数据是后面提到的数据共享、数据交换和商业智能（BI）的基础。需要注意的是，元数据管理一般是对基础库和主题库（即核心数据资产）中的数据项属性的管理，而数据资源清单是对各类数据来源的数据项的管理。

血缘追踪：数据被业务场景使用时，发现数据错误，数据治理团队需要快速定位数据来源，修复数据错误。那么数据治理团队需要知道业务团队的数据来自于哪个核心库，核心库的数据又来自于哪个数据源头。我们的实践是在元数据和数据资源清单之间建立关联关系，且业务团队使用的数据项由元数据组合配置而来，这样，就建立了数据使用场景与数据源头之间的血缘关系，如图8-4所示。

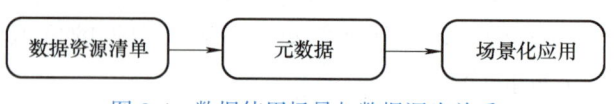

图8-4 数据使用场景与数据源头关系

数据资源目录：一般应用于数据共享的场景，如图8-5所示，如政府部门之间的数据共享。数据资源目录是基于业务场景和行业规范而创建的，同时依托于元数据和基础库主题而实现自动化的数据申请和使用。

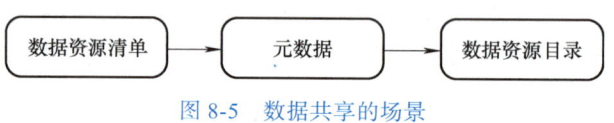

图8-5 数据共享的场景

质量管理：数据价值的成功发掘必须依托于高质量的数据，唯有准确、完整和一致的数据才有使用价值。因此，需要从多维度来分析数据的质量，例如：偏移量、非空检查、值域检查、规范性检查、重复性检查、关联关系检查、离群值检查和波动检查等。需要注意的是，优秀的数据质量模型的设计必须依赖于对业务的深刻理解，在技术上也推荐使用大数据相关技术来保障检测性能，降低对业务系统的性能影响，如Hadoop、MapReduce和HBase等。

商业智能（BI）：数据治理的目的是使用，对于一个大型的数据仓库来说，数据使用的场景和需求是多变的，那么可以使用BI类的产品快速获取需要的数据，并分析形成报表。比较知名的产品有Microsoft Power BI、QlikView、Tableau和帆软等。

数据共享交换：数据共享包括组织内部和组织之间的数据共享，共享方式也分为库表、文件和API接口3种，库表共享比较简单直接，文件共享方式通过ETL工具做一个反向的数据交换就可以实现。比较推荐的是API接口共享方式，在这种方式下，能够让中心数据仓库保留数据所有权，把数据使用权通过API接口的形式进行转移。API接口共享可以使用API网关实现，常见的功能是自动化的接口生成、申请审核、限流、限并发、多用户隔离、调用统计、调用审计、黑白名单、调用监控和质量监控等。

8.6 数据治理的未来展望

数据治理作为企业数据管理的核心环节，其发展前景广阔。随着数字化转型的深入推进，数据治理的需求将进一步增加，数据治理的重要性和占比将持续提升。未来，数据治

第 8 章　数据治理

理将不断融入新技术和创新理念,如人工智能、云计算和区块链等,为数据治理带来新的机遇和挑战。同时,数据治理将更加注重业务价值和数据安全,为企业提供更加全面和高效的数据管理服务。因此,数据治理在未来将继续发挥重要作用,为企业数字化转型和可持续发展提供有力支持。

(1) 智能数据分析

智能化数据治理是数据治理领域的一个重要趋势,它借助人工智能和机器学习技术,使数据治理过程更加自动化和智能化。人工智能(AI)是一门研究、开发用于模拟、延伸和扩展人的智能的理论、方法、技术及应用系统的新技术科学。它包括众多分支领域,如自然语言处理、计算机视觉和智能机器人等。人工智能旨在让机器能够胜任一些通常需要人类智能才能完成的复杂工作。机器学习作为人工智能的一个重要分支,让机器系统通过学习数据和经验来改进其性能,而不是通过手动编程来实现。机器学习的应用领域非常广泛,如图像识别、语音识别和自然语言处理等。通过让计算机系统自动学习和优化算法,机器学习使其具备分析、识别和决策的能力。

强大的机器学习算法和人工智能技术将使数据治理更为智能化。系统能够自动识别潜在的数据质量问题、安全威胁以及潜在的合规性风险。这样的技术将大大减少人工干预的需要,提高治理的效率。

(2) 区块链技术应用

区块链的不可篡改性和分布式性质使其成为数据治理的理想选择。未来,可能看到更多的组织采用区块链技术来确保数据的安全性、透明性和可追溯性。

区块链技术在数据治理领域有着广泛的应用潜力,其分布式、去中心化和不可篡改的特性使其成为保障数据安全、透明和可信的理想选择。以下是区块链技术在数据治理中可能的应用方面的详细探讨:

1) 去中心化的存储:区块链可以用作去中心化存储系统,数据分布在多个节点上,减少了单点故障的风险。这有助于确保数据的可用性和安全性。

2) 不可篡改性:区块链上的数据一经写入,便无法更改。这确保了数据的不可篡改性,使得数据的完整性得到保护,尤其对于敏感信息和审计日志来说尤为重要。

3) 智能合约:区块链中的智能合约可以用于定义和执行数据访问控制策略。通过智能合约,可以实现自动化的权限管理,确保只有经过授权的用户才能访问特定的数据。

4) 交易记录:区块链上的所有交易都被记录在不同的区块中,这提供了全面的数据透明性。每个参与者都可以查看和验证交易记录,增加了数据的可信度。

5) 溯源功能:区块链可以追溯每一步的数据变更,从而提供了完整的溯源功能。这对于追踪数据的来源、变更历史和审计是至关重要的。

因此，区块链技术在数据治理中的应用不仅能够提升数据的安全性和完整性，还能够改善数据的透明性、可追溯性以及跨组织数据交换的效率。然而，也需要考虑区块链的性能、可扩展性和法律合规等方面的挑战。

（3）云计算

数据治理与云计算结合能够为组织提供可扩展的、安全的数据管理解决方案。通过云计算平台的弹性和灵活性，结合数据治理的规范和监管，可确保数据的合规性、质量和安全性，促进数据驱动的创新，提升业务决策的准确性和效率，同时降低运营成本和管理复杂性。

1）数据存储和管理。

云存储服务：云计算平台提供了弹性的、可扩展的存储服务，允许组织根据需求灵活地扩展或缩减存储资源。通过云存储，组织可以更方便地管理和存储大规模数据，并实现数据的备份和恢复。

数据湖和数据仓库：云计算服务可以支持建立数据湖和数据仓库，集成多源数据，提供分析和挖掘的能力。数据治理可以确保这些数据仓库中的数据质量、安全性和合规性。

2）元数据管理。

元数据服务：云计算平台通常提供元数据服务，用于管理数据的描述信息，包括数据来源、格式和结构等。数据治理可以与云计算的元数据服务集成，确保元数据的一致性和准确性，帮助理解和使用数据。

3）数据安全和隐私。

身份和访问管理（IAM）：云计算平台提供了强大的 IAM 服务，允许对用户和应用程序的访问进行精细的控制。数据治理可以定义和执行访问策略，确保只有经过授权的用户才能够访问敏感数据。

加密和安全性控制：通过云计算平台提供的加密服务，可以对数据进行加密，确保数据在传输和存储过程中的安全。数据治理可定义加密政策，以保护数据的机密性。

未来，随着科技的不断演进，数据治理将经历一场深刻的变革。自动化和智能化的趋势将为数据治理带来新的可能性，使其更为高效和精准。当前主要依赖人工的数据治理方式将逐渐演变为智能系统的引领，加速数据处理和分析的速度，降低错误率，提高决策的准确性。这一发展前景不仅将释放人力资源，使其更专注于战略性的数据管理任务，同时也将为企业带来更大的竞争优势。在这个自动化和智能化的未来，数据治理将不再是一个单纯的管理工作，而是成为推动创新和业务发展的关键引擎。

8.7 小结

随着大数据时代的来临，数据已经成为企业的重要资产。本章主要介绍了数据治理的基本内容，DGI 数据治理框架与 DAMA 数据管理框架两种主流数据治理框架和国内外数据治理标准。为了实现有效的数据治理，可以使用数据管理软件、数据库管理系统和数据质量等工具来支持这些过程。最后展望了数据治理的未来，包括智能数据分析、区块链技术应用以及数据治理与云计算结合应用等。

参考文献

[1] INMON W H. 数据仓库：原书第 4 版 [M]. 王志海，等译. 北京：机械工业出版社，2006.

[2] 阿里巴巴数据技术及产品部. 大数据之路：阿里巴巴大数据实践 [M]. 北京：电子工业出版社，2017.

[3] 王会举. 大数据时代数据仓库技术研究 [M]. 武汉：武汉大学出版社，2016.

[4] PONNIAH P. 数据仓库基础 [M]. 段云峰，李剑威，韩洁，等译. 北京：电子工业出版社，2004.

[5] MOLINA H G，ULLMAN J O，WIDOM J. 数据库系统实现 [M]. 杨冬青，吴愈青，包小源，等译. 机械工业出版社，2001.

[6] 陈文伟. 决策支持系统及其开发 [M]. 北京：清华大学出版社，2000.

[7] 范佳佳. 数据治理：数据质量管理与校验的实践指南 [M]. 北京：电子工业出版社，2021.

[8] 刘派. 数据可视化之美：打造高质量的数据可视化作品的方法与技巧 [M]. 北京：电子工业出版社，2020.

[9] 张志强. 商业智能：从数据到智慧决策的原理与实践 [M]. 北京：机械工业出版社，2022.

[10] 华为技术有限公司. 大数据技术原理与应用：基于华为大数据平台 [M]. 北京：机械工业出版社，2021.

[11] 韩砚宝. 基于数据仓库的智慧港口数据分层建模方案设计 [J]. 天津科技，2023，50（S1）：57-60.

[12] 贺晓松. 大数据背景下的数据仓库架构设计及实践研究 [J]. 中国新技术新产品，2022（19）：22-25.

[13] 杨细勇. 大数据数据仓库商业智能平台设计与实现 [J]. 福建电脑，2020，36（12）：35-38.

[14] CHUQIAO C, GOYAL S B, RAMASWAMY K. BSPPF: Blockchain-Based Security and Privacy Preventing Framework for Data Middle Platform in the Era of IR 4.0[J]. Journal of Nanomaterials，2022，2022（Pt.2）：2219006-1-2219006-14.DOI：10.1155/2022/2219006.

[15] 中国通信中台行业实践白皮书 [R]// 艾瑞咨询系列研究报告（2021 年第 12 期）.2021：28.

[16] 潘建宏，王磊，樊家树，等. 一种基于数据中台的客户设备智慧管理方法 [C]// 王志伟. 吉林省电机工程学会 2022 年学术年会获奖论文集. 长春：吉林大学出版社，2023.

[17] DAMA 国际. DAMA 数据管理知识体系指南：原书第 2 版 [M].DAMA 中国分会翻译组译. 北京：机械工业出版社，2020.

[18] 罗小江，石秀峰. 一本书讲透数据治理：战略、方法、工具与实践 [M]. 北京：机械工业出版社，2021.

[19] 祝守宇，蔡春久. 数据治理：工业企业数字化转型之道 [M]. 2 版. 北京：电子工业出版社，2023.